U0249286

COFFEE OBSESSION

实用
咖啡宝典

[英] 安奈特·摩德瓦尔　著

赵雯雯　袁天添　张伊妍　译

中国轻工业出版社

DK

A Dorling Kindersley Book
www.dk.com

Original Title: Coffee Obsession

图书在版编目（CIP）数据

实用咖啡宝典 /（英）安奈特·摩德瓦尔著；赵
雯雯，袁天添，张伊妍译. —北京：中国轻工业
出版社，2017.7
ISBN 978-7-5184-0887-0

Ⅰ.①实…　Ⅱ.①安…②赵…③袁…④张…　Ⅲ.
①咖啡–基本知识　Ⅳ.①TS273

中国版本图书馆CIP数据核字（2016）第065926号

责任编辑：苏　杨
策划编辑：伊双双　　责任终审：张乃柬
封面设计：奇文云海　　版式设计：锋尚设计
责任校对：燕　杰　　责任监印：张　可

出版发行：中国轻工业出版社
　　　　　（北京东长安街6号，邮编：100740）
印　　刷：鸿博昊天科技有限公司
经　　销：各地新华书店
版　　次：2017年1月第1版
印　　次：2017年7月第1版第2次印刷
开　　本：889×1194　1/16　印张：14
字　　数：240千字
书　　号：ISBN 978-7-5184-0887-0
定　　价：88.00元
邮购电话：010-65241695　传真：65128352
发行电话：010-85119835　85119793
传　　真：85113293
网　　址：http://www.chlip.com.cn
Email：club@chlip.com.cn
如发现图书残缺请直接与我社邮购联系调换
170849S1C102ZYW

目录

咖啡入门

咖啡馆文化

对于全球数百万人来说，坐在咖啡馆里享用一杯醇香的咖啡可以说是人生最幸福的事情之一了。而精品咖啡馆可以让这种经历变得更加难忘，在那里，技艺高超的专业咖啡师会为你专门调制符合你口味的优质咖啡。

咖啡馆体验

在数个世纪的悠久文化中，咖啡馆可以算是最核心的传统之一：从巴黎咖啡馆的一杯欧蕾咖啡，到得克萨斯州餐车式便餐馆里的那些超大号马克杯装的咖啡，咖啡馆的体验随处可得。随着咖啡在中国、印度、俄罗斯及日本的广泛流传，如今频繁光顾咖啡馆的人也越来越多了，咖啡馆里呈现出前所未有的盛况。尽管对很多人来说喝咖啡只是日常生活中很普通的一部分，但对于无数的尝新者来说，喝咖啡仍是一种令人兴奋的新鲜体验。

为了迎合人们对品尝咖啡的热情，世界上每天都有越来越多的精品咖啡馆开张营业。于是前往咖啡馆品尝不同品种、烘焙程度及风味咖啡的人便不再只是咖啡鉴赏家了。对于任何一个注重品质、坚持及悉心的人，精品咖啡馆正是结交朋友、品聊生活、探索新鲜风味和尽享独特氛围的绝佳地点。

咖啡对许多人来说
只是生活的一部分，
但对其他人来说
仍是令人兴奋的新鲜体验。

咖啡馆风潮

咖啡从种植园到咖啡杯的过程通常比较漫长，而人们却很容易忽略这点，以为杯中咖啡得来全不费功夫。不是每个人都知道咖啡豆是咖啡树果实的种子，也不是每个人都知道咖啡豆需要经过烘焙才能被研磨成粉，加以冲泡。不过，越来越多的咖啡馆如今都认识到了咖啡的特殊之处，开始将它当作一种新鲜的季节性农产品，在推广的过程中把它描述为一种需要技巧来种植和加工的原料及饮料。这些咖啡馆向人们呈现咖啡的神奇与各式各样的独特风味，揭示了咖啡豆的起源与背后的人与故事。

精品咖啡馆让咖啡爱好者逐渐意识到咖啡生产、交易及加工的复杂性。咖啡种植者面临的挑战——被压低的出售价格和极不稳定的商品交易市场——刺激着人们对咖啡可持续供应日益增长的需求。对于食物与葡萄酒，人们早已接受了"更好的品质需要更高的成本"这种概念。很快，消费者发现同样的概念也应适用于咖啡。

虽然实现咖啡的供应与需求、成本与生态之间的平衡充满了挑战与未知，但精品咖啡公司仍在引导着一种注重品质、透明度与可持续性的咖啡文化。人们对咖啡培育及加工的关注日益增加，咖啡文化也随之转变，精品咖啡馆的地位比以往任何时候都显得更重要了。

专业咖啡师（Barista）

一家精品咖啡馆里的咖啡师就相当于葡萄酒世界里的侍酒师。他（她）是具有专业知识的职业咖啡师，能够指导你调制上好的咖啡，使你不仅获得提神的咖啡因，还有那别具一格、令人振奋的可口滋味（可口是最重要的）。

咖啡之旅

咖啡在全球流传开来的历史是一部世界发展史。它是一个关于宗教、奴隶制、走私、爱与群体生活的故事。尽管我们与历史之间仍有距离，一些事实和传说还是可以帮助我们追溯咖啡流传的轨迹。

早期发现的历史

咖啡从被人们发现到如今已经有至少1000年的历史了。没有人确切地知道咖啡的起源地，但许多人认为阿拉比卡咖啡起源于南苏丹和埃塞俄比亚，而罗布斯塔咖啡则诞生于非洲西部。

其实早在咖啡豆被用来烘焙、研磨以及冲泡我们今天所饮用的咖啡之前，人们就已经开始借助咖啡果和咖啡树叶来提神了。常年行走跋涉的非洲牧民将咖啡豆与动物脂肪和香料混合制作成"能量棒"，为长时间离家在外奔走的人补充体能。咖啡树叶和咖啡果果皮也被用来煮成富含咖啡因的提神饮料。

咖啡研究者认为咖啡是由非洲奴隶带入也门和阿拉伯半岛的。公元15世纪，伊斯兰教苏菲派信徒饮用一种由咖啡果制成的名叫"克什尔"（quishr）或"阿拉伯果酒"的饮品，信徒借助这种饮品使自己在夜间祷告时保持清醒。这种饮品提神的功效很快就被传开了，一些地方开始为商人和学者提供饮用这种饮品和自由交流的场所，这些场所被称为"智者学院"（schools for the wise）。一些人担心克什尔这种饮品与宗教信条有所冲突，但这些早期的咖啡馆还是被留存了下来，并推动了咖啡更为广泛地流传。截至公元16世纪初，阿拉伯人就已经开始对咖啡豆进行烘焙和研磨了，他们制作出了与我们今天所饮用的咖啡十分相似的饮品，并将之传入了土耳其、埃及和非洲北部。

海地

墨西哥　牙买加　　　马提尼克岛

中美洲　　加勒比海地区

苏里南　法属
圭亚那

南美洲 巴西

17 世纪
- 也门至荷兰
- 也门至印度
- 荷兰至印度、爪哇、苏里南及法国

殖民地区的传播

　　最早进行咖啡交易的是阿拉伯人。为了防止咖啡外传，他们便将咖啡豆煮熟，这样其他人就无法种植咖啡了。

　　但是在17世纪初期，一名苏菲派信徒将咖啡种子从也门悄悄走私到了印度，而一位荷兰商人则将一些咖啡树幼苗从也门走私出来，运至阿姆斯特丹进行栽培。截至17世纪末，荷兰已有多个殖民地在进行咖啡种植了，尤其是在印度尼西亚各地区。

　　18世纪初，加勒比海地区和南美洲殖民地也开始种植咖啡。荷兰人将一些咖啡树幼苗作为礼物赠送给了法国人，而法国人又将幼苗带到了海地、马提尼克岛及法属圭亚那。荷兰人还将他们的咖啡幼苗种在了苏里南，英国人则将咖啡从海地带到了牙买加。

　　1727年，葡萄牙人从巴西派出一位海军军官前往法属圭亚那去取回一些咖啡种子。传说这位军官的请求遭到了拒绝，所以他引诱了法属圭亚那殖民地总督的妻子，而这位总督的妻子将咖啡苗混入一簇花束中，偷偷带给了军官。

　　从南美洲和加勒比海地区，咖啡又被传入了中美洲和墨西哥。19世纪末期，咖啡树幼苗又被带回了在非洲的殖民地。

　　如今，咖啡的生产也在世界其他新兴种植地区发展起来，亚洲地区尤为如此。

荷兰

法国

也门

印度

非洲东部

19 世纪
- 巴西至非洲东部
- 留尼汪岛至非洲东部

18 世纪
- 法国至海地、马提尼克岛、法属圭亚那及留尼汪岛
- 留尼汪岛至中美洲及南美洲
- 马提尼克岛至加勒比海地区、中美洲及南美洲
- 海地至牙买加
- 法属圭亚那至巴西

留尼汪岛

爪哇

几百年间，起先只是作为饮品的咖啡逐渐以商品的身份遍及全球。

种类与品种

同酿造葡萄酒的葡萄或酿造啤酒的啤酒花一样，咖啡果也是树上生长的果实，而咖啡树也有众多的种类与品种*。虽然只有一部分种类与品种在全球流传，但是人们仍在不断地培育新的咖啡品种。

咖啡的种类

这种会开花的树木属于咖啡属（*Coffea*）植物。随着科学家不断发现新的种类，咖啡属植物的分类仍在不断变化。没有人确切地知道咖啡属植物种类的数量，不过如今大约已有124种咖啡属植物被鉴别出来了——这是20年前鉴别出的种类数量的两倍。

咖啡属当中的一些种类属于野生植物，主要生长在马达加斯加、非洲、马斯克林群岛、科摩罗、亚洲和澳大利亚。只有小果咖啡（*C. Arabica*）和中果咖啡（*C. Canephora*）（通常被称为阿拉比卡咖啡和罗布斯塔咖啡）两个种类是为商业贸易目的而大量种植的，这两种咖啡的产量大约占全球咖啡总产量的99%。科学家认为小果咖啡是埃塞俄比亚及南苏丹共和国边境的中果咖啡与欧基尼奥伊德斯种咖啡（*C. Eugenioides*）的杂交品种。为了平衡当地的咖啡消耗，一些国家还种植少量的大果咖啡（也称利比里卡种，*C. Liberica*）及艾克赛尔萨种咖啡（*C. Excelsa*）。

阿拉比卡与罗布斯塔咖啡：多元的品种

如今，属于阿拉比卡种类的咖啡当中有许多培育的品种。至于阿拉比卡咖啡是如何传入世界各地的，目前人们并没有找到完整的记载；已有的记载当中也有一些自相矛盾之处。不过，在埃塞俄比亚和南苏丹共和国的土地上生长着上千种当地的土生品种，其中仅有少许品种被带到了非洲以外的地方。它们首先被带入也门，然后从那里再被传到其他国家（参见第10～11页）。

这些咖啡树被称作铁毕卡（Typica）咖啡树，是对"普通"咖啡的通称。爪哇种植的铁毕卡是流传到世界其他地区的铁毕卡咖啡树的基因源头。波本（Bourbon）咖啡是另一种较早被人发现的阿拉比卡品种，它是铁毕卡咖啡自然突变的结果。波本咖啡的历史可追溯到18世纪中期至19世纪晚期的波本群岛，即现在的留尼汪群岛。如今，大多数咖啡品种都是铁毕卡和波本这两个品种自然突变或人工培育的结果。

中果咖啡（罗布斯塔咖啡）是非洲西部的土生咖啡种类。从比属刚果（今刚果民主共和国）传出的这类咖啡幼苗，也被带到了爪哇进行种植。以爪哇为中转地，这类咖啡又被带到了世界其他地区，其中几乎包含了所有生产阿拉比卡咖啡的国家。中果咖啡当中也有几个不同的品种，不过它们通常都被称为罗布斯塔咖啡。此外，人们也将阿拉比卡咖啡和罗布斯塔咖啡进行杂交，以培育新的咖啡品种。

咖啡的成色与风味受很多因素的影响，例如土壤、日照、降水周期、气流变化、虫害以及疾病。许多咖啡品种在基因上具有相似性，但由于其所属的种植地区不同，名称也有相应的差异。因此，要用地图精准描绘阿拉比卡咖啡和罗布斯塔咖啡的流传与演变就变得十分困难。不过这里的咖啡族谱（参见第14～15页）列举了目前已知咖啡种类中一些最普遍的品种。

注 *这里的"种类"指"属"（Genus）以下的植物分类"种"（Species），而"品种"实际上指"种"以下的植物分类"变种"（Varieties）。根据主流咖啡书籍的翻译，为方便读者阅读，在此Species均被译为"种类"，Varieties均被译为"品种"。

咖啡属植物

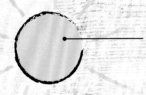

日照
大多数品种的咖啡树属于喜阴或耐阴植物。一些品种经演变则可以耐受长时间的日照。

降水周期
有些咖啡种植园的所在地全年降水频繁，而有些种植区则有特定的雨季和旱季。在任何种植地区，降水周期都会影响开花时间。

气流变化
冷暖气流的变化会影响咖啡果的成熟过程及口味。

咖啡属植物
界：植物界
纲：木贼纲
亚纲：木兰亚纲
超目：菊超目
目：龙胆目
科：茜草科
亚科：仙丹花亚科
族：咖啡族
属：咖啡属
种（这里仅含主要用于商业贸易的种类）：小果咖啡（阿拉比卡）和中果咖啡（通常被称为罗布斯塔）

果实簇
咖啡果在成熟过程中会结簇生长在树枝上。

咖啡花
咖啡花气味香甜，散发着茉莉花般的气息。

未成熟的咖啡果
咖啡果会长成饱满的绿色硬质果实。

软化的咖啡果
咖啡果在成熟过程中会慢慢变色，果实渐渐软化。

成熟的咖啡果
大多数咖啡果会变红，但红色的深度不尽相同。

过熟的咖啡果
咖啡果口味随颜色加深而变甜，但很快会变质腐坏。

横截面
每个咖啡果都包含果胶、内果皮（羊皮）及种子（参见第16页）。

咖啡族谱

这幅简化的咖啡族谱图有助于解释咖啡家族成员之间的一些重要关系。随着植物学家不断发现新的咖啡种类与品种，探索新的风味与特点，现有的咖啡族谱还会发生变化。

若想呈现所有已知咖啡品种之间的关系，我们还需要更多的研究支持。但这里的咖啡族谱展示了茜草科（Rubiaceae）中四个重要种类的咖啡：利比里卡种（大果咖啡）、罗布斯塔种（中果咖啡）、阿拉比卡种（小果咖啡）及艾克赛尔萨种。在这四个种类中，只有阿拉比卡和罗布斯塔种咖啡是为商业贸易目的种植的（参见第12～13页）。罗布斯塔咖啡的不同品种被简单通称为罗布斯塔品种；人们普遍认为，与阿拉比卡咖啡相比，罗布斯塔咖啡的品质较低。

从阿拉比卡咖啡衍生出来的分支咖啡品种包括原生种品种（Heirloom varieties）、铁毕卡品种（Typica varieties）、波本品种（Bourbon varieties）以及这些品种之间的种内杂交品种。罗布斯塔咖啡有时也会被用来与阿拉比卡咖啡杂交，培育种间杂交品种。

种间杂交品种
雷苏娜　卡蒂姆＋铁毕卡
阿拉布斯塔　阿拉比卡＋罗布斯塔
德瓦马基　阿拉比卡＋罗布斯塔
希布里多蒂姆　阿拉比卡＋罗布斯塔
伊卡图　波本＋罗布斯塔＋新世界
鲁伊鲁11　鲁美苏丹＋K7＋SL 28＋卡蒂姆
萨奇摩尔　薇拉萨奇＋希布里多蒂姆

罗布斯塔种

利比里卡种

名字代表什么？
从阿拉比卡咖啡衍生出的咖啡品种通常是按产地来命名。例如瑰夏品种（Geisha variety）也可拼写为Gesha，又称阿比西尼亚品种（Abyssinian）。

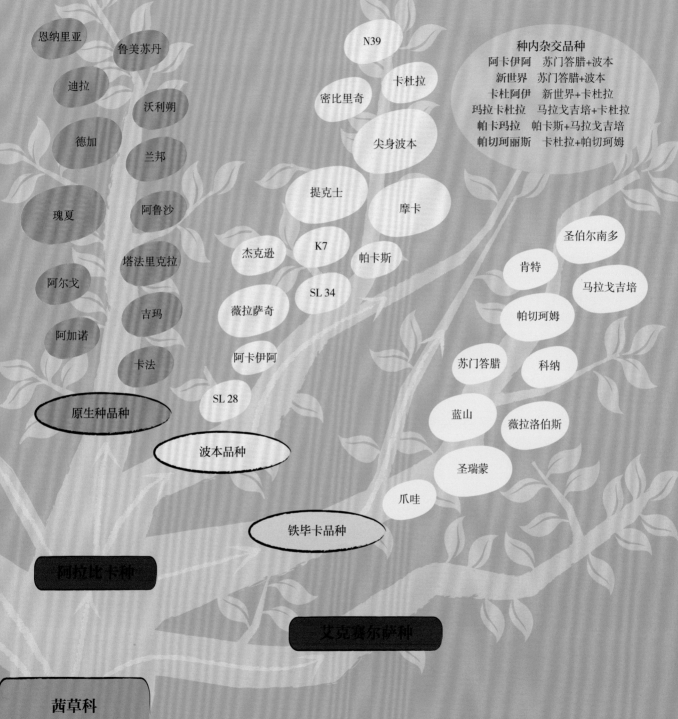

恩纳里亚

鲁美苏丹

迪拉

沃利朔

德加

兰邦

瑰夏

阿鲁沙

塔法里克拉

阿尔戈

吉玛

阿加诺

卡法

N39

卡杜拉

密比里奇

尖身波本

提克士

摩卡

杰克逊　K7　帕卡斯

SL 34

薇拉萨奇

阿卡伊阿

SL 28

种内杂交品种
阿卡伊阿　苏门答腊+波本
新世界　苏门答腊+波本
卡杜阿伊　新世界+卡杜拉
玛拉卡杜拉　马拉戈吉培+卡杜拉
帕卡玛拉　帕卡斯+马拉戈吉培
帕切珂丽斯　卡杜拉+帕切珂姆

圣伯尔南多

肯特

马拉戈吉培

帕切珂姆

苏门答腊　科纳

蓝山

薇拉洛伯斯

圣瑞蒙

爪哇

原生种品种

波本品种

铁毕卡品种

阿拉比卡种

艾克赛尔萨种

茜草科

种植与采收

咖啡树是常绿植物，约有70个可为其生长提供适宜气候及海拔的国家。咖啡树需要精心培育，经过3~5年的生长期后才会开花结果，其果实又称作"咖啡樱桃"。

每逢采收时节，种植者会从咖啡树上采摘咖啡果。咖啡果内含两瓣种子，经加工处理后（参见第20~23页）成为我们常见的咖啡豆。为商业贸易而生产的主要咖啡树种类为阿拉比卡和罗布斯塔两类（参见第12~13页）。罗布斯塔咖啡产量较高，抗虫害和疾病的能力强，产出的咖啡果口味较粗涩。罗布斯塔的种植始于苗圃，这些扦插在苗圃的、被修剪过的枝条，经过数月的培育后才会被移植到室外田间。而阿拉比卡咖啡树则在一开始就于田间撒种（参见下图），产出的咖啡果口味通常更胜一筹。

种植阿拉比卡

选取种植阿拉比卡类咖啡的种子，要从生长良好的、健康的"母树"上采摘成熟的咖啡果。这些咖啡果会被撒在田间，从而开启阿拉比卡类咖啡的生长路程。

3个月　　4个月　　5个月

一粒种子被播种在苗圃里。播种之前，咖啡果的外果皮和果肉会被剔除，但内果皮（羊皮）则会被保留下来。

当一粒种子发芽时，它会向下生长出一条用来支撑自己的直根，同时向上生长出幼苗；这些幼苗呢称为"士兵"。

内果皮/羊皮是咖啡种子外部包裹的一层具有保护功能的种壳。

银皮是紧贴咖啡种子外部的一层薄衣。

果胶/果肉是外果皮与内果皮（羊皮）之间的一层具有黏性及糖分的组成部分。

每个咖啡果包含两瓣种子——经加工处理后成为"咖啡豆"（参见第18~19页）。两瓣种子扁平的侧面紧贴彼此，共同生长。在极罕见的情况下，两瓣种子当中仅有一瓣得到滋养并发育成形；没有另一瓣种子的挤压，单瓣种子得到滋养并呈椭圆形。这种特殊的椭圆（或豌豆状）种子称为珠粒（Peaberry）。

种植条件会影响咖啡的质量，咖啡花及咖啡果易受
强风、日晒及霜冻的危害。

9个月

3～5年

这名"士兵"在
被移植到田间以
前，会长成一棵
拥有12～16片叶子
的小树。

咖啡树成熟较
慢，至少需要3
年才会迎来第一
次开花。

土壤在移植过程
中起到保护小树
根系的作用。

这些咖啡花渐渐
成熟，随后结出
咖啡果。

3～5年

咖啡果于枝头渐渐成熟，颜
色加深，直到采收时节（参
见第18页）。质量最好的咖
啡果生长于树阴之下或多云
地区。在接近赤道的地方，
只有海拔相对较高的地区才
能为咖啡果的成熟提供适宜
的温度。

采收时节

　　一年当中无论任何时节，世界上总会有某个地方迎来咖啡的采收（阿拉比卡和罗布斯塔咖啡）。有些国家和地区会在一年当中的某个时节进行集中采收，而有些国家和地区则有两个分开的采收时段。还有一些地区几乎全年都可以进行采收。

　　根据种类和品种的不同，咖啡树可以长到几米的高度。但由于咖啡果的采收大多依靠人力，种植者通常会为了采收方便而将咖啡树修剪在高度为1.5米左右。采收者要经过一轮或几轮操作才能完成采收。他们要么只进行一次采收，并在途中摘去未熟、过熟或不符合其他标准的咖啡果；要么在整个采收时节进行多次采收，每次仅摘下最成熟的咖啡果。

　　在一些国家，采收是通过机械化作业完成的。这些机器或是直接从树枝上剥离咖啡果，或是轻轻摇动咖啡树，使最成熟的咖啡果坠落，然后直接从地面收集。

咖啡树与产量

　　一棵生长良好的、健康的阿拉比卡咖啡树如经过精心培育，一个采收季就可以产出1~5千克的咖啡果。按正常情况来讲，用5~6千克的咖啡果才能加工出1千克咖啡豆。无论是通过剥离、手工摘取还是机器采收的方式，咖啡果都要经过几个阶段的水洗及干燥加工处理（参见第20~23页），之后获得的咖啡豆才会被按照不同的质量进行分级归类。

未成熟的阿拉比卡咖啡果
阿拉比卡咖啡树的每簇果实包含10~20枚较大的圆状咖啡果。这些咖啡果成熟后会从树枝上坠落。因此种植者会悉心监测咖啡果的情况，并进行频繁的采收。这些咖啡树高度可达3~4米。

成熟的罗布斯塔咖啡果
罗布斯塔咖啡树高度可达10~12米。采集者会借助梯子来够取树枝上的果实。罗布斯塔咖啡树每簇果实包含40~50枚小巧的圆状咖啡果。这些咖啡果成熟后并不会坠落到地上。

阿拉比卡 VS 罗布斯塔

这两个主要种类的咖啡树有着不同的植物学与化学特征。以下表格呈现了这两个种类不同的自然生长地区、主要的出产地区，以及咖啡豆的分级归类和定价依据。这些特征也可以解释两种咖啡风味的不同之处。

特征	阿拉比卡	罗布斯塔
染色体　阿拉比卡咖啡树的基因构成有助于解释为何这个种类的咖啡豆品种繁多且口味丰富	44条	22条　罗布斯塔咖啡豆
根系　罗布斯塔咖啡树拥有庞大而短浅的根系，相比阿拉比卡，其不需要深厚而多孔的土壤。	深　种植者会在阿拉比卡咖啡树之间留有1.5米的距离，为其根系提供舒适的伸展空间	浅　罗布斯塔咖啡树之间需要至少2米的距离
适宜温度　咖啡树易受霜冻危害。种植者须将咖啡树种植在不会过于寒冷的地区	15~25℃　阿拉比卡咖啡树需要生长在气候温和的地带	20~30℃　罗布斯塔咖啡树可生长在温度较高的地区
海拔及纬度　两个种类的咖啡树均生长于南北回归线之间	海平面以上900~2000米　高海拔有助于其获得适宜的温度与降雨	海平面以上0~900米　罗布斯塔咖啡树的生长不需要非常低的温度，所以可以生长在海拔较低的地带
降水量　雨水有助于咖啡树开花，但过多或过少的降水则会对咖啡树的开花与结果产生负面影响	1500~2500毫米　阿拉比卡咖啡树拥有较深的根系，在土壤表层干燥时仍能良好生长	2000~3000毫米　罗布斯塔咖啡树根系相对短浅，需要充足的降水量
开花期　两个种类的咖啡树均在雨后开花，但开花期随降水频率不同而有所差异	雨后　阿拉比卡咖啡树通常被种植在有较明显雨季的地区，其开花期较容易被预测	无规律　罗布斯塔咖啡树通常被种植在潮湿且气候不稳定的地带，其花期也因此缺乏规律性
结果时间　对不同咖啡种类来说，开花期到咖啡果成熟期之间的用时各不相同	9个月　阿拉比卡咖啡果只需较短的时间就可以成熟，因此种植周期之间有更多的时间可以用来对树进行修剪与施肥	10~11个月　罗布斯塔咖啡果的成熟需要较长的时间，是一个相对缓慢的过程。咖啡果的采收过程也相对灵活松缓
咖啡豆油脂含量　油脂含量与湿香强度（aromatic intensity）有关，是判断咖啡品质的一项指标	15%~17%　较高的油脂含量使阿拉比卡咖啡具有丝滑且柔和的口感	10%~12%　油脂含量较低，这就可以解释为何罗布斯塔混合浓缩咖啡会有较厚重且稳定持久的咖啡泡沫
咖啡豆糖分含量　咖啡豆糖分含量会随烘焙程度变化而变化，影响我们对咖啡酸度及口感的判断	6%~9%	3%~7%　相较于阿拉比卡咖啡豆，罗布斯塔咖啡豆含糖量较低，味道涩且苦，带有强烈而持久的余味
咖啡豆咖啡因含量　咖啡因是一种天然杀虫剂，咖啡因含量高可以解释为何咖啡树生命力较顽强	0.8%~1.4%　阿拉比卡咖啡豆	1.7%~4%　高咖啡因含量减少了咖啡树受到危害的可能性，比如湿热环境下繁衍的疾病、真菌及虫害

加工处理

咖啡果需要经过加工处理才能成为咖啡豆。全球各地咖啡豆加工处理的方法均有差异，但主要方法还是干法加工（通常被称为"日晒法"）和湿法加工（"水洗法"或"蜜处理"两种方法）。

咖啡果在完全成熟时甜度最高，需要在采收后的短短几小时内被加工处理，才能使品质不受影响。不过，加工处理的过程既可以造就优质的咖啡豆，也可以破坏咖啡果的优质性。如果缺乏细心的操作，加工过程甚至可以毁掉经过最精心种植及挑选的咖啡果。

咖啡果的加工处理过程包括很多不同的步骤。一些咖啡生产者自己可以进行加工处理。如果他们自己拥有工厂的话，咖啡出口之前的所有流程都在他们的掌控之中。而另一些生产者则会将咖啡果卖给集中化的"加工处理厂"，让这些专门的工厂对咖啡果进行干燥与脱壳加工。

准备阶段

加工最开始的步骤有两个不同的处理方法，但它们的目的是相同的——处理咖啡果，为进一步的干燥与脱壳加工做准备（参见第22～23页）。

湿法加工

1 咖啡果被倾入灌满水的水槽。通常，未成熟和成熟的咖啡果均会被沉入水槽中，但最佳的操作是仅选择最成熟的果实进行加工。

2 经分离机处理，将咖啡果的外果皮剥离（参见第16页）。分离机仅剥离咖啡果实的外果皮，但果胶仍会被完好地保存下来。被剥离的外果皮可作为种植田或苗圃的肥料。

3 根据不同的重量，果胶包裹着的咖啡豆会被进一步分到不同的水槽中。

咖啡果
咖啡果被采收之后，可以用水洗处理法加工（见上方），也可以在冲洗后进行干燥处理（见下方）。

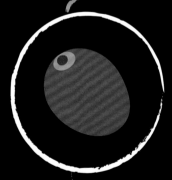

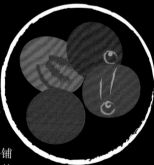

干法加工

日晒法
1 完整的咖啡果会被快速冲洗，或被倾入水中浸泡。这项操作可将果实当中的杂质分离出去。

2 生产者会将咖啡果平铺在露天庭院中或架起的晒台上，用大约两周的时间进行日晒干燥。

在太阳的光照下，咖啡果逐渐失去原有的鲜亮色泽，慢慢皱缩起来。

蜜处理

④ 被果胶包裹的咖啡豆通过人工或机器运至室外干燥的庭院中或晒台上，被铺开成2.5~5厘米厚，加工者定期对其进行翻耙，帮助均匀干燥。

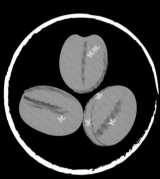

几天以后，潮湿的豆子外面仍然包裹着富含糖分且具有黏性的果胶。

⑤ 根据气候的不同，咖啡豆需经过7~12天的晾晒干燥。如果干燥过快，会使咖啡豆产生缺陷，豆子的储藏寿命及风味会受到影响。有些地方会通过大型烘干机进行干燥。

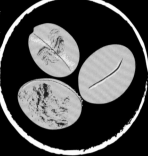

当咖啡豆完全干燥后，羊皮包裹下的咖啡豆上会出现微红或棕色的斑点。

水洗法

④ 在这些水槽中，咖啡豆需要经过12~72小时的浸泡及发酵，直到果胶与豆子分离并被洗去。有时咖啡豆需要经过两次浸泡，其风味与成色才能被展现出来。

⑤ 当所有的果肉或果胶被去除后，洗净的羊皮纸咖啡豆会被移至室外的混凝土台子或架起的晒台上，进行4~10天的干燥。

⑥ 生产者对羊皮纸咖啡豆进行手工分类，从中剔出损坏的豆子，并翻动其余的豆子使其均匀干燥。

经过完全干燥后，羊皮纸咖啡豆会呈现出干净统一的淡棕色。

这些咖啡果在日晒下完全干燥，进一步收缩，呈现出棕色。

一般来说，
湿法加工会使咖啡豆
原有的风味特征更好地展
现出来。

干燥与脱壳阶段　➔

干燥与脱壳阶段

经日晒法加工处理后的咖啡果以及经蜜处理或水洗法处理的咖啡豆会被放置两个月，然后再被送到加工工厂进行干燥与脱壳处理。

蜜处理

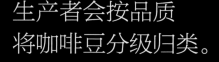

生产者会按品质
将咖啡豆分级归类。

① 羊皮纸咖啡豆经过放置后，会被送到加工工厂进行干燥与脱壳处理。

② 这些工厂会去除咖啡豆外干燥的外果皮及羊皮，并不同程度地去除紧贴种子的银衣，得到里面的青绿色生豆。

③ 咖啡豆随后会被放置于操作台与传送带上，通过机器或手工方法来分出低品质和高品质的豆子。

水洗法

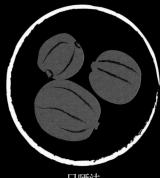

日晒法

对于咖啡来说，
任何品质的豆子都有其相应的买家，
无论是最便宜、品质最低的，
还是仅占百分之一的、最顶尖的咖啡豆。

咖啡豆经过存储、被装载到运输船只上以后，
一般需要 2 ～ 4 周的海运才能到达目的地。

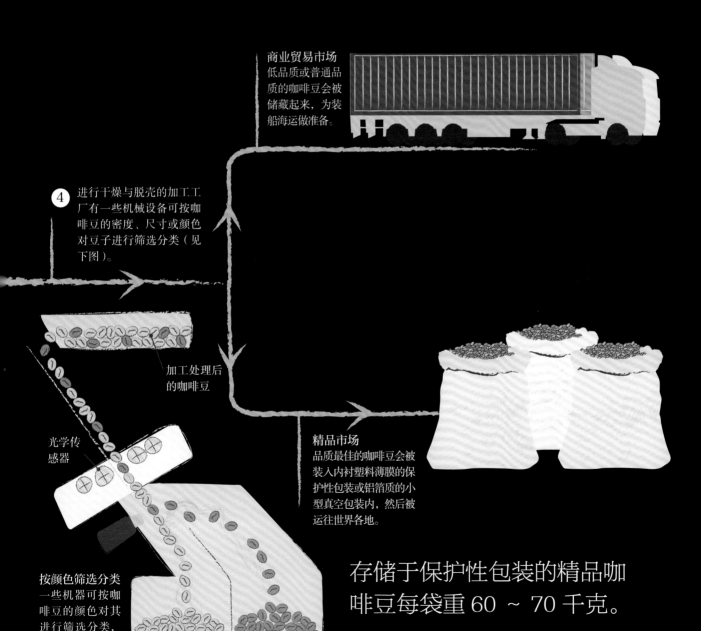

商业贸易市场
低品质或普通品
质的咖啡豆会被
储藏起来，为装
船海运做准备。

④ 进行干燥与脱壳的加工工
厂有一些机械设备可按咖
啡豆的密度、尺寸或颜色
对豆子进行筛选分类（见
下图）。

加工处理后
的咖啡豆

光学传
感器

精品市场
品质最佳的咖啡豆会被
装入内衬塑料薄膜的保
护性包装或铝箔质的小
型真空包装内，然后被
运往世界各地。

按颜色筛选分类
一些机器可按咖
啡豆的颜色对其
进行筛选分类，
将色泽深浅不同
的豆子相互分离。

存储于保护性包装的精品咖
啡豆每袋重 60 ～ 70 千克。

杯测

我们当中许多人会品尝和鉴赏葡萄酒,却并不会对咖啡做类似的评估。但是仔细品味咖啡(也称"杯测")可以让你体验到不可思议的微妙风味,帮助你鉴赏不同咖啡的品质。

在咖啡产业中,"杯测"(cupping)是衡量与控制咖啡豆品质的一种重要方法。无论是"极少量"的几袋咖啡豆还是"极大量"的几箱咖啡豆,其品质都浓缩在了这一小杯杯测的咖啡中。评估咖啡的质量通常会用到一套0~100分的评分系统。

杯测是整个咖啡行业都会进行的一项操作,无论是出口商和进口商,还是烘焙师和咖啡师,都需要通过杯测来评估咖啡品质。专业杯测师(cuppers)供职于咖啡公司,对世界上最好的咖啡进行产区鉴定、品尝及挑选。甚至还有国家及国际的专业杯测比赛,让最优秀的杯测师们一较高下。渐渐地,越来越多的咖啡生产者及加工者在咖啡生产过程的早期就对咖啡进行杯测了。

杯测很容易在家进行操作,你无需成为一名咖啡品尝专家,也可以辨别自己是否喜欢一杯咖啡。虽然普通的咖啡爱好者需要经过许多练习才能掌握一套描述咖啡风味的术语,但通过对来自世界各地的不同的咖啡进行杯测,可以迅速了解咖啡的几大风味分类,之后再依靠时间来打磨味蕾,做更细致的风味鉴别。

 我需要准备些什么?

器具
带滤篮的咖啡研磨机
电子秤
若干只容量为250毫升的耐热小瓷杯、玻璃杯或小碗(如果没有大小相同的小瓷杯,可以用电子秤或者带容量标尺的水罐来保证所有的小瓷杯都盛有等量的水)

原料
咖啡豆

如何进行杯测

将每个品种的咖啡各准备一杯,单独体验每一种咖啡的风味,或者同时品尝多个品种的咖啡。可以用已经磨好的咖啡粉进行杯测,不过自己研磨的咖啡喝起来的味道会更新鲜(参见第36~39页)。

1 将12克咖啡豆倒入第一只小瓷杯或玻璃杯中。将每一剂咖啡豆取出并研磨到中等程度(medium grind),再将磨好的咖啡倒回原来的杯子中(见小贴士)。

2 对于其余的同种咖啡豆,均重复以上过程,但研磨后要"清洗"研磨机:在研磨另一品种的咖啡豆之前,需将一勺(15毫升,1匙)新品种的咖啡豆倒入研磨机研磨,"洗"出上一轮研磨时机器中残留的咖啡豆粉末。

3 当所有杯子都装满研磨好的咖啡粉后,闻一闻它们的气味,将杯与杯之间香气的差异记录下来。

小贴士
如果是由多人对同一种咖啡豆进行多次杯测,也需要将每杯咖啡豆分开研磨,这样如果某一剂咖啡豆中含有一粒有缺陷的豆子,就不会影响到所有的杯测咖啡。

4 将水煮沸，之后等待开水冷却至93～96℃。然后将水倒入盛有咖啡粉的杯中，确保咖啡粉被完全浸泡。将杯子灌满水，用秤或带容量标尺的水罐确保准确的水量。

5 等待4分钟，使咖啡粉完全浸泡。在此期间，你可以评估一下"咖啡酥皮"（crust）的湿香（aroma）。咖啡酥皮指用水冲泡后于咖啡粉表面浮起的壳状表层，要注意切勿拿起或挪动杯子。或许经过对比你会发现，杯与杯之间湿香的强弱优劣各不相同。

6 4分钟后，用勺子在咖啡表面轻轻搅动三次，拨开咖啡酥皮，使浮于表面的咖啡粉沉淀。搅动每杯咖啡后，用热水冲洗勺子，这样不会将勺子上残留的味道掺入另一杯咖啡中。拨开咖啡酥皮时，将鼻子贴近杯面，捕捉释放出的湿香，并比较香气中的优劣特征是否与你在第5步中闻到的有所变化。

7 当咖啡酥皮被完全拨开后，用两把勺子撇去泡沫及飘浮的微粒，每次撇除完毕都要将勺子冲洗干净。

8 当咖啡冷却至适宜品尝的温度时，将杯测匙浸入杯中舀出少量咖啡，随少量气流啜入口中，气流可以帮助香气进入嗅觉系统，同时使咖啡的味道扩散至全部味蕾。体会咖啡味道的同时，也要注意咖啡在触觉上带来的感受。想一想咖啡给你的口腔带来怎样的感受：单薄的、油性的、柔滑的、粗糙的、雅致的、干燥的或奶油般浓厚的？咖啡的味道如何？是否让你想起以前品尝过的味道？你能尝出任何坚果、莓果或是香料的味道吗？

9 在不同品种的咖啡之间对比品尝。在咖啡冷却与变化的过程中不断品味，并且通过随手记录帮助你对咖啡进行分类及描述，回忆你所品尝到的味道。

水的冷却速度比你想象的要快，所以一旦当水到达最佳温度范围就要迅速进行冲泡。

咖啡酥皮不应该在被搅动之前出现破裂，如果出现破裂，说明水温过低或咖啡豆烘焙程度不够。

一旦咖啡酥皮被拨开，用两把勺子撇去咖啡表层飘浮的物质。

在品尝咖啡味道的同时，也要考虑咖啡在触觉上带来的印象是柔滑的、浓稠的、精致的还是砂质的？不同咖啡的余味有什么差别？

风味鉴赏

　　咖啡香气与风味之丰富，简直令人难以置信。通过学习和尝试，咖啡爱好者可以对这些丰富而微妙的风味进行鉴别，使品尝咖啡的体验达到最佳。

　　经过一定程度的练习，你就可以相对轻松地提高自己的味觉系统感知能力。操作"杯测"（参见第24~25页）的次数越多，区分不同咖啡的过程就越容易。这里展示的四个风味轮（flavour wheels）可以作为"杯测"术语提示，将它们放在方便参考的地方，能帮助你鉴别不同品种咖啡的湿香（aromas）、风味（flavours）、口感（textures）、酸度（acidity）以及余味（aftertastes）。

如何使用风味轮

　　首先，用较大的风味轮鉴别咖啡主要的风味，然后细细品味其中更加微妙的味道。其次，用"酸度""口感"及"余味"这三个较小的风味轮协助你分析咖啡为口腔带来的其他感受。

1 为自己倒一杯咖啡 用鼻呼吸，摄入咖啡的香气，参照风味轮来体会其中的香味。你闻出坚果的香味了吗？如果闻到了，这种味道是更像榛子、花生、杏仁还是其他更具体的坚果香味呢？

2 呷一小口咖啡 再观察一下风味轮。你是否能品尝出一丝水果的味道或者微妙的香料味？在品尝咖啡时，不仅要感知其中拥有哪些味道，还要想象其中缺少哪些味道。先鉴别出味道的大体类别，例如"水果味"，然后再考虑细节：判别这种水果味是更偏向核果（stone fruit）的味道，还是更偏向柑橘属水果（citrus）的味道。如果是更偏向柑橘属水果的味道，那是柠檬的味道还是葡萄柚的味道？

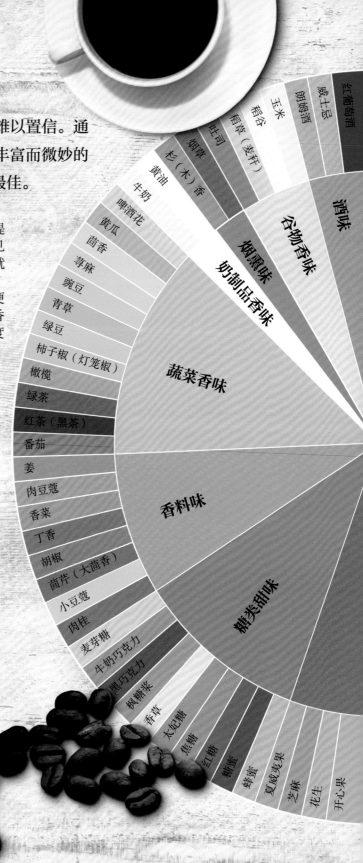

3 再呷一口咖啡　适中的酸度可以增加咖啡的新鲜口感。你所品咖啡的酸度是明朗的、强烈的、柔和的还是平淡的？

4 专心体会质感/口感　咖啡的口感既可以是清淡的，也可以是厚重的。你所品咖啡的口感是浓稠丝滑的，还是清淡爽口的？

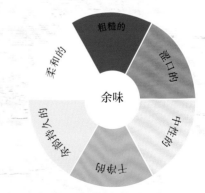

5 咽下咖啡　咖啡在口中留下的味道是会存留一段时间，还是会很快消失？余味是比较中性的，还是苦而难耐的？判断一下风味轮中哪些术语可以用来描述你所品尝的咖啡。

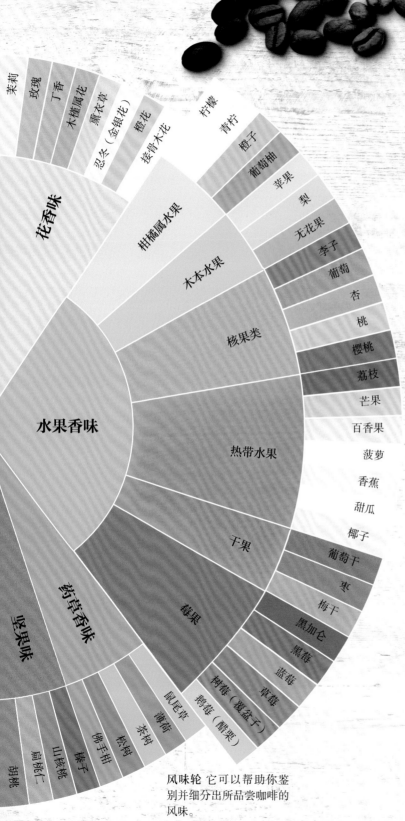

风味轮　它可以帮助你鉴别并细分出所品尝咖啡的风味。

咖啡知多少

品质鉴定

　　咖啡公司会将一些专用词汇印在咖啡包装上，介绍他们所销售的咖啡。这些介绍偶尔会自相矛盾，有时甚至会包括一些错误的信息。了解这些专用词汇可以帮你更轻松地选择想要的咖啡。

鉴别咖啡豆

　　有些咖啡的包装仅印有咖啡的种类：阿拉比卡或罗布斯塔（两个主要的咖啡种类，参见第12～13页）。这就相当于只告诉你一瓶葡萄酒是白葡萄酒还是红葡萄酒，对于如何挑选和购买想要的咖啡，你还是没有足够的信息去判断。尽管大体来讲，罗布斯塔咖啡的品质没有阿拉比卡咖啡的品质高，但仅仅靠带有"纯阿拉比卡咖啡"字样的标签来推销，那也算是误导性的信息了。优质的罗布斯塔咖啡豆也是存在的，只不过很难找到，所以购买阿拉比卡咖啡通常是个更保险的选择，但市面上也有不少质量欠佳的阿拉比卡咖啡。那么，具有辨识能力的消费者应该在咖啡包装的标签上寻找哪些信息呢？

　　对于质量最好的咖啡豆，其包装上通常都印有较多的细节信息，例如出产地区、品种、加工方法以及风味描述（参见第33页）。随着消费者对高品质咖啡的辨识能力逐渐提高，烘焙者也意识到，保证消费者满意度的关键就是诚信透明与产销履历（traceability）。

混合咖啡与单品咖啡

　　商业咖啡公司和精品咖啡公司通常将它们销售的咖啡标示为"混合咖啡"（blends）或者"单品咖啡"（singles）。这条信息有助于消费者了解咖啡的原产地，混合咖啡是指将不同产地的咖啡豆混合起来的咖啡，这使咖啡呈现出一种独特的风味；而单品咖啡是指来自单一原产国或种植园的咖啡。

混合咖啡

　　混合咖啡如此受欢迎，其原因是这类咖啡所展现的风味，往往可以保持一整年都不变。在咖啡商贸领域中，混合咖啡的原料和构成比例是各公司严防死守的机密，而咖啡包装的标签上也决不会透露有关所含咖啡豆品种或产地的任何信息。不过，精品咖啡的烘焙师则会在包装的标签上标明关于所售混合咖啡的各项信息，包括每种咖啡豆的特征以及不同风味之间如何相互补充与平衡（参见下页"混合咖啡示例"）。

单品咖啡

　　"单品"这项术语专门用来形容来自单一原产国的咖啡。但是，仅靠这一条信息来鉴定某种咖啡的品质，这个概念也是过于宽泛了。就算是来自单一原产国的咖啡，也仍然可能出自多个不同的地区和种植园，其中混杂了不同的品种，而且加工的方法也不尽相同。再者，来自单一原产国的咖啡，品质也可能良莠不齐——100%的巴西咖啡，或者100%来自任何其他国家的咖啡，都不一定说明这些咖啡的品质就是百分之百的优秀。同样的，仅仅知道咖啡是来自单一的出产国，并不能为你提供多少有关咖啡风味的信息，因为出自同一个国家不同地区的咖啡，其风味可能完全不同。

　　在精品咖啡领域中，包装上印有的"单品咖啡"通常会指代更具体的信息，比如该单品咖啡出产于某个种植园、合作社、生产商或某家族。这些

"混合咖啡"是由来自世界多个地区的咖啡豆混合而成的。"单品咖啡"则指出产于单一国家、合作社或者种植园的咖啡。

产源单一的咖啡通常只限量销售或者季节性销售，不会全年供应。不过，只要这些咖啡还有供应且最佳味道尚未丧失，就仍然会被销售。

精心生产，诚意满满

　　无论是单品咖啡还是混合咖啡，只要咖啡豆经过精心培育筛选、细致加工处理、谨慎装船运输以及适度烘焙，那么生产出来的咖啡就会尽展其精妙滋味，尽显其绝佳风采。精品咖啡公司都以这样精心的生产过程为自豪，因此也能够为消费者提供品质最佳的咖啡。

混合咖啡示例

烘焙师按不同比例来混合多个品种的咖啡，使混合咖啡具有丰富多样的风味。包装上的标签会标明每种咖啡豆的原产地以及它们各自的风味特征。以下示意图所呈现的就是某种一流混合咖啡的构成。

20% 肯尼亚AA
水洗SL28
酸度明朗，
具有黑加仑味
与樱桃味

混合咖啡
具有丰富的
复合水果味、坚果味
以及巧克力味，余味甜，
且具有糖浆般的浓稠口感

30% 尼加拉瓜
水洗卡杜阿伊
味甜，
具有焦糖味、
烘焙过的榛子味
以及牛奶巧克力味

50% 萨尔瓦多
蜜处理波本
酸度均衡，
具有李子味、
苹果味
以及太妃糖味

挑选与储藏

如果住所附近没有销售精品咖啡的商店，现在想在家中冲泡出品质较好的咖啡也比以往容易。许多咖啡烘焙师会在网上售卖咖啡和冲煮设备，并针对所出售的咖啡豆提出最佳冲煮建议。

挑选

去何处购买咖啡

超市货架上的咖啡仅有极少量被当作新鲜产品售卖；因此，要想购买品质优良且新鲜的咖啡豆，最好是去当地或在网络上的咖啡专卖店购买。不过咖啡专卖店店面众多，各种带着异国风情的词汇也不罕见，想要从中挑选适合自己的咖啡，真是一项有难度的任务。所以，在决定挑选哪家店之前，你需要做一些调查。有几项信息十分关键，比如商家对咖啡豆的描述、包装。记住，依靠你的味蕾来做决定，放开你的思维方式，在不同的咖啡豆之间进行比较和尝试，直到选出你满意的品质以及符合要求的咖啡豆供应商。

容器

如果是从商店中购买散豆，你需要知道咖啡豆确切的烘焙日期。咖啡的最佳储藏方式是密封储藏，比如存放在带有盖子的容器中——除非是密封包装的咖啡，若不封盖储藏的话，短短几天后，咖啡的新鲜度就会丧失。

称量（购买量）

购买数量少，就意味着购买的咖啡较新鲜。如果条件允许的话，每次仅购买足够几天或一周的咖啡量就可以了，例如每次只购买100克。

咖啡包装上都有些什么？

　　市面上出售的许多咖啡都有抢眼的包装，但这些包装往往都不会为你提供关于产品本身的有用信息。如果在包装上能找到的有用信息越多，则购买到高品质咖啡的可能性就越高。

单向阀　新鲜的咖啡经过烘焙，会释放出二氧化碳。如果不对咖啡加以保护储藏，这些二氧化碳就会逸出，使氧气渗透进来，而咖啡丰富的香气便会丧失。带有单项阀的咖啡包装则可保证咖啡的密封情况，在二氧化碳可以逸出的情况下，氧气不会进入包装，避免影响咖啡的品质。

日期　咖啡包装上应印有咖啡豆的"烘焙与装袋"日期，而不仅仅是"保质期"。大多数商业咖啡公司都不会告诉你咖啡的烘焙日期或装袋日期，他们只会在包装上标注保质期，时长通常是在12~24个月。而这样的保质期信息既不利于咖啡本身的储藏，也不利于消费者作出正确的购买决定。

出产源　这项标签可为你提供以下信息：咖啡的种类或品种、种植地区、属于混合咖啡还是单品咖啡（参见第30~31页）。

烘焙程度　咖啡烘焙程度是一项有用的信息，不过市面上并没有一套关于烘焙程度的统一标准。由于每个人对烘焙的判断不同，"中度烘焙"可以用来描述任何一种棕颜色的咖啡豆。"滤式烘焙"（filter roast）通常可以指任何程度较浅的烘焙，但"浓缩式烘焙"（espressoroast）则指程度较深的烘焙。不过，出自某烘焙师之手的滤式烘焙咖啡豆也可能会比另一位烘焙师烘焙出的浓缩式烘焙咖啡豆颜色要深，这种情况也并不罕见。通过询问经验丰富的零售商，你会找到适合自己的咖啡豆。

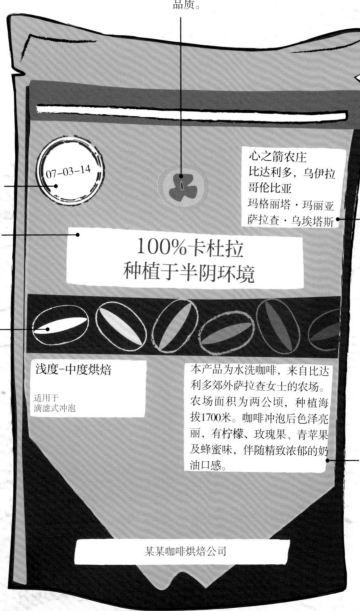

07-03-14

心之箭农庄
比达利多，乌伊拉
哥伦比亚
玛格丽塔·玛丽亚
萨拉查·乌埃塔斯

100%卡杜拉
种植于半阴环境

浅度-中度烘焙

适用于
滴滤式冲泡

本产品为水洗咖啡，来自比达利多郊外萨拉查女士的农场。农场面积为两公顷，种植海拔1700米。咖啡冲泡后色泽亮丽，有柠檬、玫瑰果、青苹果及蜂蜜味，伴随精致浓郁的奶油口感。

某某咖啡烘焙公司

产销履历　理想情况下，你可以在包装上找到关于咖啡公司、水洗厂、大农场（hacienda）、农庄（finca）或种植园（fazenda）的信息以及其拥有者或经理的名字。咖啡的产销履历越清晰可溯，品质就越有保证（质量过关、价格适中且产销过程有保障）。

咖啡应有的风味　咖啡包装上应有关于加工处理方法以及风味的信息。另外，关于咖啡种植海拔或树荫遮挡状况的信息也可以用来鉴定咖啡豆的质量。

对于廉价的咖啡与正规标明来源的咖啡，
两者之间存在的价格差异实际上并没有
人们想象得那么明显。

包装

　　咖啡品质的劲敌包括氧气、高温、光照、湿气及各种强烈的气味。因此，在购买咖啡的时候，要留意咖啡的储藏容器是否清洁，容器是否有盖子或者防护罩，以及是否标有烘焙日期；同时，不要购买存放在敞开容器或漏斗罐中的咖啡。若无细心的打理，这些储藏容器便形同虚设，无法保存咖啡的品质。购买咖啡的时候还要注意，寻找那些不透光、密封储藏且带有单向阀的包装。所谓单向阀，就是咖啡包装上可以向外排出豆子所产二氧化碳的塑料小圆片，它可以防止氧气进入包装。牛皮纸包装对咖啡的保护微乎其微，所以完全可将这种包装内的咖啡当作散装咖啡。另外，要避免购买真空密封的袋装咖啡或咖啡砖，因为在真空密封之前，这些咖啡就经过了彻底的二氧化碳排气，尚未包装时就已经丧失新鲜度了。如此说来，购买咖啡总是越新鲜越好；因为仅在烘焙后的一周内，咖啡就有可能变得十分不新鲜了。

价格高的就总是最好的吗？

　　价格最低廉的咖啡绝对不会是高品质的咖啡。这些咖啡很可能是由于某些原因，以低于出产源生产成本的价格出售的。不过，你仍然要谨慎购买那些高价的咖啡，因为高额的价签很可能只是市场营销的噱头，比如那些昂贵的"猫屎咖啡"，还有那些所谓产自异域小岛的咖啡。你所支付的高昂价格恐怕都流入了品牌营销商的钱袋中，换来的未必是所期待的绝佳风味。低品质与高品质咖啡之间的差价，通常来说是非常小的；从这一点来看，品尝到一杯上好的咖啡，其实是最容易获得的高贵而不贵的享受之一。

小贴士
越来越多注重品质的
咖啡馆已经开始售卖单
杯咖啡机了，例如爱乐
压。可以请专业咖啡师
给予建议并指导你使用
这些设备。

储藏

　　若是想要在家中冲泡更新鲜的咖啡，最好的方法之一就是直接购买咖啡豆和家用研磨机，自己动手研磨咖啡。市面上已经研磨好的咖啡可能在几小时内就丧失了新鲜度；但未经研磨的咖啡豆如果经过适当密封，则可在几天甚至几周之内都能保持原有的新鲜程度。不过即使是这样，也仍要记得每次只购买足够一周或两周用的豆子。购买未经研磨的咖啡豆，置办一台手动或电动的家用刀盘研磨机（参见第36~39页），这样就可以根据每次的饮用量来进行单独研磨了。

储藏建议

　　将咖啡豆储藏在密封的容器中，并放置在干燥的阴暗处，远离强烈气味，以防串味。如果咖啡包装不能满足这些条件的话，需要将整袋咖啡存放在塑料保鲜盒或类似的容器内。

储藏禁忌

　　避免将咖啡豆存放在冰箱冷藏室中。如果实在需要延长咖啡豆的存放时间，可将其储藏在冰箱冷冻室内，每次仅取出所需用的量进行解冻即可。切忌将已解冻的咖啡豆再次存入冷冻室储藏。

咖啡新鲜还是不新鲜？

经过精心烘焙的新鲜咖啡，冲泡后应散发出浓烈甜美的香气，品尝起来不应含有酸涩或金属的味道。另外，二氧化碳的析出量也能很好地说明咖啡的新鲜程度。如右图对比所示，这两杯咖啡就是用"杯测"的方法进行冲泡的（参见第24~25页）。

新鲜的咖啡
新鲜咖啡中的二氧化碳与水反应后，可产生丰富的泡沫，在咖啡表面形成一层"泡花"（bloom）。这层泡沫会在1~2分钟内渐渐消退。

不新鲜的咖啡
这杯咖啡几乎不含任何二氧化碳，也就无法与水进行反应，所以在表层形成的泡沫十分单薄。而杯底的咖啡粉缺少油脂，也难以溶解。

研磨

　　许多人会在咖啡冲煮设备上投注重金，却忽略了另一个很重要的条件：想要大幅提高咖啡品质、获得预期口感，最简单的方法之一就是置办一台好的研磨机，现磨新鲜的咖啡豆。

选择合适的研磨机

　　制作浓缩咖啡（espresso）与滴滤咖啡（filter-style）所用的研磨机是有区别的，因此要根据你所偏好的咖啡冲煮方法来选择不同的咖啡研磨机，如第37～38页所示。不过，无论挑选哪种研磨机，都需要知道一些普适的挑选窍门。

　　带有刀片的研磨机在市面上最为常见，通常只要按住"开启"按钮，就可以一直进行研磨。不过即使是用计时器来设定研磨的时间和程度，你还是会发现：要想每次都研磨出粗细程度相同的咖啡粉，是一件很难的事情。当每次的研磨量发生变化时，这种情况就尤为明显。另外，用带刀片的研磨机研磨出的咖啡粉在经过冲泡后，尤其是经过法压壶（French press）冲滤后，会在杯底留有较多较大的颗粒。但带刀片的研磨机有一个优势，就是价格通常比较适中。如果你想研磨得更好，那就需要多投注一些资金，购买一部带有锥形或平面式"刀盘"的研磨机（刀盘类型请见下方图示）。这种研磨机可将咖啡豆研磨成粗细更加一致的粉末，同时也为咖啡粉得到更均匀地萃取创造了条件。一些研磨机具有"分档"功能，使用时可以选择固定的研磨程度；而其他研磨机则不具有分档功能，这种"自由式"研磨可以让你根据自己的喜好来控制研磨程度。并不是所有的刀盘研磨机都价格昂贵，比如转柄式手动研磨机的价格就比较适中。不过，如果你愿意多投入一些资金，或者打算每天都研磨大量的咖啡，那么就推荐选择电动研磨机。这些研磨机通常具有计时功能，通过计算用时，你可以对咖啡的研磨量进行判断及设定。记住，如果将研磨机调至粗研磨档，研磨30克咖啡豆的用时就会较短；如果调至细研磨档，研磨同等量咖啡豆的用时就会较长。

锥形刀盘
这类刀盘要比平面式刀盘更耐用，不过仍需在研磨超过750～1000千克咖啡豆之后进行更换。

平面式刀盘
带有平面式刀盘的研磨机通常价格较低，但需要在研磨超过250～600千克咖啡豆之后更换刀盘。

滴滤式咖啡研磨机

　　这类研磨机的价格总体要低于浓缩式咖啡研磨机。虽然可依需求调整研磨程度，但滴滤式研磨机通常无法将咖啡豆研磨至冲煮意式浓缩咖啡的精细标准。同时，滴滤式研磨机极少有对研磨量的衡量与设定系统。

　　如上一页所提到的，购买研磨机时要避免选择那些带有旋转刀片的研磨机，因为这类研磨机在切碎咖啡豆时很难控制研磨程度，而且经常会因为将咖啡研磨得过细而造成冲泡时咖啡过度萃取，或因为研磨过于粗糙而导致冲煮时几乎无法萃取。所以，用带有旋转刀片的研磨机冲煮出来的咖啡风味会很不均衡，即使再好的咖啡豆和冲煮技巧也不能弥补这项缺陷。

漏斗罐
购买研磨机时，要根据预计的日常研磨量来选择容量适当的漏斗罐。

计时表盘
一些研磨机具有自动停止研磨的计时功能。

调整研磨程度
选择无需拆开重装各零件就可轻松调整研磨程度的研磨机。

抽屉
避免将咖啡存放在手磨机下部的抽屉中；每次冲泡时只研磨所需用的量。

滴滤式咖啡电动研磨机

这类研磨机用起来方便快捷。需确保用专门的清洁片定期清理。

滴滤式咖啡手磨机

这类研磨机需要你有较好的耐心与较强壮的肌肉。如果只需要少量的咖啡粉，或者在没有电源的情况下想享用新鲜咖啡，这便是你的绝佳设备。

意式浓缩咖啡研磨机

　　这类研磨机是为精细研磨而设计的，可小幅度调整研磨程度，并且能够对咖啡豆进行称量与分配。这类研磨机要比滴滤式研磨机更重一些，内部置有电动机，价格也相对较高。但想要在家冲泡出高品质的意式浓缩咖啡，这项投资确实是物有所值。

漏斗罐
大部分研磨机都带有能盛装1千克咖啡豆的漏斗罐。不过为了保证咖啡的新鲜度，建议每次最多装入两天所需量的咖啡豆。

无分档式设计
这种研磨机设计可帮助你实现精准的研磨程度。

刀盘
较好的浓缩式咖啡研磨机应在内部置有锥形或平面式刀盘（参见第36页）。

研磨剂量设定功能
一些研磨机具有数字化计时功能，可研磨你所需用的剂量，减少不必要的浪费。

意式浓缩咖啡研磨机

要想冲泡好的意式浓缩咖啡，你需要一部专门为意式浓缩咖啡设计的研磨机（这类研磨机只能用于意式浓缩咖啡的研磨）。想要冲煮上等的意式浓缩咖啡，你需要花时间让各种咖啡豆来跟研磨机进行"磨合"（将研磨机调至适当的设置）。如果要在一天之内将研磨机的模式来回调换（比如从浓缩式调至滴滤式，然后再调回浓缩式），就需要花很长时间，而且会浪费很多咖啡豆。

开关
如果你所用的研磨机没有研磨剂量设定功能，可利用开关按钮直接控制研磨程度。

研磨程度及配套的冲煮方式

冲煮方式	研磨程度

土耳其咖啡壶 用这类咖啡壶冲煮土耳其咖啡。咖啡粉的研磨程度需要极其精细，几近细粉末状（面粉状），这样才可以使咖啡风味在冲煮的过程中最大程度地被析出。大部分研磨机无法将咖啡研磨至如此精细的程度，所以需要用一种专门的手磨机来完成研磨。

超细研磨 ——　　　　特写

意式浓缩咖啡机 意式浓缩咖啡的冲煮方式要求最为苛刻，因此咖啡研磨也需要恰到好处，适度的细研磨是均衡萃取的必要条件。

细研磨 ——　　　　特写

滴滤式咖啡机 中度研磨的咖啡适用于多种冲泡方式，包括手冲滤纸滴滤、法兰绒滴滤、摩卡壶冲煮、电动滴滤及冰滴法。在一定范围内，可以通过增加或减少咖啡的剂量来达到期望的效果。

中－粗研磨 ——　　　　特写

法压壶 这种咖啡壶不具有过滤系统，所以有足够的时间让水穿透粗研磨咖啡的细胞结构。这个过程可以溶解咖啡中的有益成分，同时避免咖啡产生过度苦涩的口感。

粗研磨 ——　　　　特写

水质检测

一杯咖啡中98%~99%的成分是水。因此，冲煮咖啡的水的质量很大程度上决定着咖啡的风味。

你所用的水中有什么？

用于冲煮咖啡的水应无色无味，清澈透明。水中的矿物质、盐分及金属成分虽不一定能通过肉眼或味蕾识别出来，但这些成分都会影响咖啡的冲煮效果。有些地区水色澄清，水质较软；而有些地区则水质较硬，含有氯或氨等金属味。如果你所在地区的水硬度过高，水中的矿物质含量也相应较高，在冲煮咖啡的过程中可能会导致不完全萃取，使咖啡味道变淡，口感稀薄。这种情况下，需要更大剂量的咖啡或者更精细的研磨来中和一下用水的缺陷。同理，如果所用的水硬度过低或是矿物质已被完全除去，冲煮咖啡时就可能发生过度萃取，使咖啡豆中的一些杂质成分随有益成分一起溶解在水中，而咖啡的味道也会因此变得苦口或酸涩。

活性炭滤水装置
活性炭会吸附水中的杂质。

滤水器
建议定期更换滤水装置（大约在过滤了100升水之后，就需要更换滤水器的滤芯；如果所在地区的水硬度较高，则需要更频繁的更换）。

水质检测

你可以在自家的厨房里检测水质。用杯测的方法（参见第24~25页）冲泡两杯咖啡。确保两杯咖啡所用的咖啡豆、研磨程度以及冲煮方式完全相同，然后选择其中一杯，用水管中的自来水进行冲煮，另一杯则用瓶装水进行冲煮。冲煮完毕，将两杯咖啡对比品尝。在这个过程中，你也许会发现咖啡里有一些以前从未留意过的味道。

过滤

如果你所在地区的自来水硬度过高，而用瓶装水来冲煮咖啡也不是理想选择，那么购买一部家用滤水器将会较好地满足需求。可以购买安装在水龙头上的滤水装置，也可以选择带有可更换的活性炭过滤装置的净水壶（如上图所示）。水中矿物质含量的差异，可以使水的味道产生很鲜明的差别，而大部分消费者却往往对此感到十分惊讶。如果你以前是用自来水冲煮咖啡的话，现在改用瓶装水或过滤后的水，就可以轻松地提高自家冲煮咖啡的质量了。

氯 0毫克

碱性物质总含量 约40毫克

pH 7

铁、锰、铜
0毫克

钠 5~10毫克

钙 30~80毫克

溶解性
固体总量
100~
200毫克

完美的水成分构成
购买一套水质检测装置，
分析你所用水的成分构
成。右图所示为1升水中所含
各种成分的分析，这些指标是
冲煮咖啡完美用水的标准。

这些指标都代表什么?

与咖啡萃取用水质量有关的术语中，最常见
的就是"溶解性固体总量"（TDS, total dissolved sol-
ids）。TDS的度量单位为"毫克/升"或"百万分率"
（ppm），代表单位容量水中有机物与无机物的含量

总合。"钙硬度"（grains of hardness）也是常用术语
之一，用来表示水中钙离子的含量。咖啡用水的pH
应该呈中性，如果所用水的pH过高或过低，会导致
咖啡变得平淡乏味，难以下咽。

冲煮意式浓缩咖啡

在所有冲煮咖啡的方法中，唯有意式浓缩咖啡的冲煮方法用到了泵压。当你用意式浓缩咖啡机煮咖啡时，机器中的水温总是维持在沸点以下，以避免对咖啡冲煮过度。

什么是意式浓缩咖啡？

冲煮意式浓缩咖啡的理论与实务花样百出。从经典的意式到改良的美式，从北欧版本到澳洲风情。无论你青睐哪一种，都需要记住一点：说到底，所谓的"意式浓缩咖啡"只是一种咖啡冲煮方法，一种饮品的名称。许多人也会用"意式浓缩咖啡"（espresso）这个词来描述特定的咖啡烘焙色泽；但实际上，你可以用任何烘焙程度、任何品种或混合款式的咖啡豆来冲煮意式浓缩咖啡。

准备工作

除了听取咖啡机制造商的建议以外，这里还有几条实用指南，可以帮你更顺利地在家中冲煮自己的意式浓缩咖啡。

所需材料

器具
意式浓缩咖啡机
意式浓缩咖啡研磨机
干布
填压器
填压器压粉垫
专用清洁粉
清洁工具

原料
已烘焙的咖啡豆
（经过短时间放置且排气的）

1 将净水注入清洁过的意式浓缩咖啡机中，并将咖啡豆放入研磨机中。注意，已烘焙的咖啡豆需经过一至两周的时间进行排气，然后才能使用。等待咖啡机和带手柄的滤碗完成预热。

2 用一块干布将滤碗清理干净，以防止机器中残留的咖啡粉被再次高温冲煮。

关于什么样的烘焙程度和什么品种的
咖啡最适于冲煮意式浓缩咖啡，人们
各有不同的理论。不过说到底，意式
浓缩咖啡只是一种咖啡冲煮方式而已。

3 从机器的冲煮头中放出一些水，使
水温稳定下来，同时洗去过滤喷头
上挂留的咖啡残渣。

4 研磨咖啡，根据滤碗大小以及个人口味
偏好，将剂量为16~20克的咖啡粉装入
滤碗中。

冲煮单杯意式浓缩咖啡

能够连续多次冲煮出上好的咖啡，是一件具有挑战性的事。而在家冲泡意式浓缩咖啡则是难上加难，因为这种冲煮方式需要比其他方式花费更多的心思和精力。为了冲煮出好的意式浓缩咖啡，一些人会选择购买那些专用的精良设备；对于他们来说，冲煮意式浓缩咖啡不仅仅是一种爱好，更是一种日常的仪式。

冲煮意式浓缩咖啡所用的咖啡豆需要十分精细的研磨，才可以使咖啡粉有更大表面积与水相互反应，让萃取变得更加充分。这样冲煮出的意式浓缩咖啡量少而浓郁，品质厚重浓稠，表层会形成一层咖啡泡沫（crema）。这样的一杯意式浓缩咖啡，既可以体现咖啡豆在品质、烘焙与加工上的闪光之处，也可能暴露其中的致命缺陷。

1 轻轻用手摇动或在桌面上敲碰滤碗，使咖啡粉均匀铺在其中。也可以选择用特定工具（如上图所示）将咖啡粉铺匀。

2 选用与滤碗型号相符的填压器，使填压器与滤碗边缘水平对齐，然后一次性将咖啡粉压实为厚度均匀的粉饼。注意，该过程应一次性完成，无需过度用力下压、敲碰滤碗或反复填压。

3 以上过程的最终目的是将咖啡粉填压成结实而均匀的粉饼，由此可以承受热水带来的高压，并使水在透过咖啡粉饼时进行均匀地萃取。

小贴士
在铺平咖啡粉时，切忌用力压，建议用工具或手指从左至右轻轻拂动咖啡粉，并上下轻微摇动滤碗，直至咖啡粉松散地填满滤碗的各个缝隙。

冲煮意式浓缩咖啡可以是一种爱好，也可能是一种饮用咖啡的日常仪式。虽然需要一定的努力和练习，但掌握技巧后，冲煮意式浓缩咖啡的过程会为你带来极大的乐趣。

小贴士
你可能每天需要倒掉几份咖啡之后，才能把握好适当的研磨程度，得到满意的意式浓缩咖啡。查看一下第46页中冲煮咖啡的错误吧。

4 将滤碗装插在冲煮头下面，并立即开启泵浦进行冲煮。可以将冲煮量设置为两杯，也可以选择手动控制——在达到理想的冲煮量后，手动停止操作。

5 将预热过的意式浓缩咖啡杯放置在咖啡出口下方（如果你想将冲煮出的咖啡分成两个单份，可以在出口下方放置两个浓缩咖啡杯）。

6 启动冲煮5~8秒后，出口处就应该有浓缩咖啡慢慢流出。刚开始流出的咖啡呈深棕或金黄色，之后随着咖啡粉可溶物质在冲煮过程中渐渐析出，咖啡液体的颜色会逐渐变浅。正常情况下，咖啡机应在25~30秒的时间内萃取出50毫升含咖啡泡沫的意式浓缩咖啡。

这样就大功告成了吗?

　　一杯经过精心冲煮的上好意式浓缩咖啡，表面应浮有一层均匀的金棕色咖啡泡沫（参见第44页），没有任何较大的泡沫或者凹陷破损处。这层泡沫稳定之后，应有几毫米的厚度，而且不会迅速消散。同时，咖啡的味道应该较为均衡，介于甘美与微酸之间，口感如奶油般柔和丝滑，余味迷人而持久。抛开烘焙或冲煮技巧，一杯上好的意式浓缩咖啡可以让你品尝出咖啡豆本身的风味，比如危地马拉咖啡的巧克力味、巴西咖啡的坚果味或肯尼亚咖啡的黑加仑味。

冲煮过程中可能会出现哪些差错?

　　如果固定时间内（参见第45页）咖啡液萃取量超过50毫升，可能是因为：
- 咖啡研磨过于粗糙
- 咖啡研磨量过少（或两者均有）

　　如果固定时间内咖啡液萃取量不足50毫升，可能是因为：
- 咖啡研磨过于精细
- 咖啡研磨量过多（或两者均有）

　　如果咖啡口味过酸，可能是因为：
- 咖啡机用水温度过低
- 咖啡豆烘焙程度过浅
- 咖啡研磨过于粗糙
- 咖啡研磨量过少

　　如果浓缩咖啡味道过苦，可能是因为：
- 咖啡机用水温度过高
- 咖啡机有待清理
- 咖啡豆烘焙程度过深
- 研磨机刀盘过钝
- 咖啡研磨过于精细
- 咖啡研磨量过多

经过精心冲煮的优质意式浓缩咖啡

冲煮失败的意式浓缩咖啡

清理咖啡机

咖啡中含有各种成分，包括油脂、微粒及其他可溶物质。如果不保持设备的清洁，这些物质便会在设备中逐渐堆积，使后来冲煮出的咖啡带有苦涩甚至是烟灰般的味道。每次冲煮完单杯意式浓缩咖啡之后，建议先用水冲洗设备，然后再继续冲煮下一杯。同时，建议每天或尽可能频繁地用专门的清洁溶液反向冲洗咖啡机内部，进行全面清洁。

> **小贴士**
> 用一把干净的小刷子清理冲煮头内部的橡胶垫圈，确保不移动垫圈位置。即使在无需使用滤碗时，也要将其固定装回原位。

1 将咖啡杯移开，从冲煮头上卸下滤碗。

2 敲碰滤碗，倒出经过冲煮的咖啡粉。用一块干布将滤碗擦干净。

3 启动放水功能，将残留在冲煮头及滤碗滤网上的咖啡粉冲去，并同时冲洗咖啡出口。将滤碗重新装回冲煮头下方，为接下来的冲煮进行保温。

牛奶的奥秘

一杯上好的黑咖啡值得直接品尝，其中不添加任何奶、糖或其他调味品。但不可否认，对于几百万人来说，牛奶是每日咖啡的绝佳伴侣。用蒸汽冲打牛奶泡沫，可以增加牛奶本身天然的香甜滋味。

牛奶的种类

使用蒸汽冲打奶沫时，你可以选择任何一种牛奶 —— 全脂牛奶、半脱脂牛奶或脱脂牛奶，它们的味道和口感各有不同。低脂牛奶经蒸汽冲打后会产生较多泡沫，但口感会有一点点干涩单薄。全脂牛奶产生的泡沫可能较少，但口感会比较柔和丝滑。即便是属于非乳制品的豆奶、杏仁牛奶、榛子牛奶或者无乳糖牛奶，也可以经过蒸汽冲打而产生泡沫。虽然米乳不会产生大量泡沫，但对于坚果过敏的人，米乳是一种较好的牛奶替代品。与乳制品相比，这类非乳制品在加热过程中升温较快，析出泡沫的稳定性与柔滑程度也相对较低。

蒸奶

在打奶沫之前，建议多准备一些牛奶（最好超过实际所需的用量）。这样的话，在蒸汽尚未达到过高温度时，你可以有时间先做一些尝试，而不是等到温度过高时被迫停下来。在刚刚上手操作时，最佳的选择是用一个容量为1升的奶壶，将牛奶盛至0.5升左右，让设备上的蒸汽奶棒（steam wand）恰好接触到牛奶表面。如果奶壶过深，无法使奶棒与牛奶接触，则可以改用容量为750毫升或500毫升的奶壶。如果使用比500毫升容量还要小的奶壶，操作起来就会比较麻烦了，因为这会使牛奶升温过快，奶沫膨胀幅度过大，让人来不及反应，也很难掌握加喷蒸汽的速度。

1 选用一个略带收口的蒸奶壶，使牛奶在蒸汽冲打过程中有足够的空间形成漩涡、膨胀并产生泡沫，同时也不会造成奶沫溢出。刚开始时，使用冷藏的新鲜牛奶，并且不要让牛奶超过奶壶容量的一半（如上图所示）。

2 将蒸汽奶棒中的水或牛奶残留物进行全面清理，以保证奶棒喷出的蒸汽中没有杂物。为了防止奶沫溢出，建议拿一块专用的布包住蒸汽喷嘴，来截住喷气过程中溢出的水。注意，当喷嘴喷气时，手指要远离喷嘴，以防烫伤。

当牛奶被注入空气和蒸汽时，可以听到
冲打奶沫发出的轻柔的"嘶嘶"声。

3 用手端平奶壶。将
蒸汽奶棒移置奶壶
中，使其与牛奶表面形
成一定角度，稍稍偏
离奶壶中心，且与奶壶
内壁形成一定距离。喷
嘴应恰好浸入牛奶表面
以下。

4 如果习惯用右手，就用右
手握住奶壶把手，用左手
启动蒸汽开关。无需担心蒸汽
压力过高，因为蒸汽压力不
足就无法打出泡沫。牛奶在受
冲打时会发出刺耳的响声。开
启蒸汽后，用左手托住奶壶底
部。随着温度的提升，蒸汽喷
嘴会渐渐进入工作状态。

5 蒸汽压力会推使牛奶在壶中旋转运动，
形成漩涡。冲打过程中发出的"嘶嘶"
声越持久，所产生的奶沫就越多。奶沫在增
加的过程中会变成"消音器"，减少蒸汽冲
打的噪声。随着噪声逐渐减小，牛奶泡沫也
会越来越细密，形成较浓厚的奶沫层。

下页继续 ➡

蒸奶

6 牛奶经过加热后会膨胀并淹没蒸汽喷嘴，阻挡蒸汽出口。如果奶沫过多，可以放低奶壶，使喷嘴保持在牛奶表层位置。持续搅拌牛奶，将较大泡沫冲打成细小的泡沫，使牛奶表面形成更均匀、更浓厚的奶沫层。

7 仅在牛奶温度较低时喷入空气。一旦感到奶壶底部达到了体温温度，就要停止加喷空气——因为在37℃以上产生的泡沫很难再被冲打成细腻的奶沫。如果在刚刚开启蒸汽时就向牛奶中喷入空气，应该会有充足的时间来冲打奶沫，得到理想的效果。

8 继续冲打牛奶，直到奶壶底部发烫为止。将左手移开，停留3秒后关闭蒸汽。这时牛奶温度应在60~65℃。如果听到奶壶中发出一种低沉的隆隆声，那么就说明牛奶已经达到沸点，会产生鸡蛋或米粥煮开的味道。这种牛奶对于调制咖啡来讲就不大理想了。

储藏牛奶

只要牛奶保持新鲜，就可以在正确操作下用蒸汽冲打出奶沫。注意，即使牛奶没有超过保质期，牛奶中可使奶沫稳定持久的关键蛋白质也可能会随着时间而分解，导致冲打时很难形成泡沫。因此，在购买新鲜牛奶时要选择保质期较长者。另外，日光也会导致蛋白质受损，所以建议选择不透光的瓶子来储存牛奶；开封使用过后，要将牛奶放置冰箱冷藏。

9 将奶壶移置一旁。用一块沾湿的布擦净蒸汽奶棒，然后把布放在喷嘴下方。再次将蒸汽开启几秒钟，使奶棒内部的残留物被清出，喷到湿布上。如果牛奶表面有较大的泡沫，等待几秒钟后泡沫就会变得稀薄易碎。在操作台上轻敲奶壶，使这些较大的泡沫分成小泡沫。

10 当较大的泡沫不再出现后，将奶液与奶沫搅拌均匀，使混合牛奶呈现出丝滑光亮的质地。如果仍有一部分干奶沫浮在牛奶表面的中央，建议左右轻轻晃动奶壶，使堆积的奶沫散开并融到其余奶沫中，然后再次进行旋转搅拌。

11 在将牛奶注入咖啡之前，持续搅拌奶液与奶沫，使之混合均匀。这样，在倒入牛奶时就无需用勺子舀出奶沫。经过反复练习后，还能学会如何用牛奶制作咖啡拉花。

小贴士
在冲打奶沫的整个过程中，无需大幅度移动奶壶。蒸汽本身的力量和方向就足以完成全部的冲打工作。因此，只需要稳定奶壶，保持角度即可。

咖啡拉花的艺术

　　制作咖啡拉花，所用的牛奶不仅需要均匀柔滑、奶沫细腻浓厚，同时在外观上也要有美感才行。学习咖啡拉花的过程也是熟能生巧的道理，需要一定量的练习。不过一旦掌握了技巧，就会使整杯咖啡焕发出亮丽的风采。许多咖啡拉花的图案设计都是从最基本的心型开始的，所以我们先来介绍心形拉花，然后再发挥吧！

心形拉花

　　这种心形图案适合奶沫层较厚的咖啡，所以卡布奇诺就成为了尝试这种图案的优先选择。

1 从咖啡杯上方约5厘米处，将蒸汽冲打好的牛奶注入咖啡泡沫中央，使咖啡泡沫浮起，在表面形成一幅"画布"。

2 当杯中液体占据一半容量时，迅速放低奶壶，使其接近杯口。同时，保持奶壶原来的垂直位置，继续向咖啡表面中心处注入牛奶。很快就应看到中央有一圈奶沫逐渐向外扩散开来。

3 当杯中液体将要盛满时，轻轻提起奶壶，然后沿着奶沫圈的中心线注入牛奶，用流动的牛奶来延长中心线，将奶沫圈抻拉成心形。

如何成为拉花达人

　　注入牛奶时，如果奶壶在杯口上方距离过远，只会使咖啡泡沫泛起，而表面则基本不会出现任何白色奶沫。相反地，如果奶壶距离杯口过近，白色的奶沫则会完全覆盖住咖啡泡沫。如果注入牛奶速度过慢，就无法利用牛奶的流动性来制作拉花图案。如果注入过快，咖啡泡沫与牛奶则会迅速混在一起。建议用容量为500毫升的奶壶与型号较大的咖啡杯进行练习，直到能够把握高度与速度之间的完美平衡。

树叶形拉花

　　这种树叶形拉花适合奶沫层略浅的咖啡，在拿铁咖啡与牛奶咖啡（flat whites）中比较常见。

1 制作树叶形拉花的第一步与制作心形拉花的第一步相同。当杯中液体占到一半容量时，迅速放低奶壶，使其接近杯口。然后，将奶壶像钟摆一样轻轻左右摇动。

2 使奶沫与奶液呈"之"字形注入。当杯子接近盛满时，将奶壶渐渐提起并向杯沿移动，使"之"字的摆动幅度逐渐缩小。

3 完成"之"字形后，略微提高奶壶高度，沿奶沫中心线反方向注入牛奶，完成整个图案。

在注入咖啡之前，持续搅拌奶壶中的牛奶，以保持奶沫与奶液充分混合。

郁金香形拉花

郁金香形拉花是心形拉花（参见第52页）的升级版，其中运用了"骤停–重启"的技巧。

1 制作郁金香形拉花要从制作心形开始，将牛奶注入咖啡，于表面中央形成白色的奶沫圈。

2 停止注入牛奶，然后在中央奶沫圈向外1厘米处重新开始注入牛奶；随着奶沫流出，小心地将奶壶向中心推进，使最初位于中央的奶沫圈向杯子另一侧移动，沿杯子内壁形成月牙的形状。

3 不断重复前面的流程，直到画完想要的"（郁金香）叶子"数量。然后，在所有叶子上方，以一颗小的心形图案收尾。最后沿图案中心线注入牛奶，画出郁金香的花茎。

复杂图案绘制　运用基本图案进行自由发挥，可分别画出（从左上方按顺时针方向）：复合郁金香形、连环心形、天鹅形以及树叶心形的图案。

世界咖啡种类
非洲

埃塞俄比亚

由于本土出产的咖啡品种繁多，在开拓当地咖啡独特风味时，埃塞俄比亚具有很大的潜力。当地咖啡通常以独特雅致的花香味、药草味及柑橘属水果味而著称。

未成熟的咖啡果
咖啡果成熟之后（参见第16～17页），其采收频率为一周1～3次。

埃塞俄比亚通常被誉为阿拉比卡咖啡的诞生地，不过近期研究表明，该种类咖啡的起源地也可能是今天的南苏丹共和国。埃塞俄比亚从事咖啡种植的（包括小型咖啡园、种植园、林区及半林区）农场数量并不多，但该国有将近1500万的人口都从事着与咖啡生产相关的工作，涵盖了从采收到出口的全部流程。当地许多咖啡都是野生的，大部分由自给农业生产者管理，一年当中也只有几个月会进行售卖。埃塞俄比亚咖啡品种的生物多样性是其他地方无法匹敌的，至今有

许多品种还都没有被鉴别归类。由于当地种植了各样的原生种品种（Heirloom varieties），比如摩卡与瑰夏，埃塞俄比亚出产的咖啡豆经常是大小不一，形状各异。

如今，气候变化正逐步瓦解着野生咖啡树种类的多样性，而这些野生咖啡树却恰恰掌握着关键的遗传基因，影响着咖啡物种的生存。埃塞俄比亚当地的原生种咖啡树品种繁多，为全球咖啡物种提供了巨大的基因库，也是决定整个物种未来生存的关键。

埃塞俄比亚咖啡关键信息

全球市场份额占比： 5%	**采收：** 10—12月
主要品种： 阿拉比卡 本土出产的原生种品种	**加工处理方法：** 水洗法与日晒法 **产量（2012年）：** 800万袋

生产国世界排名：全球第5大咖啡生产国

列肯普地、沃莱加及金比地区

这些地区既生产水洗咖啡，也生产日晒咖啡。比起西达摩和耶加雪菲出产的咖啡，这些地区的上等精选咖啡通常具有更丰富、更醇厚的口感以及更香甜的野生咖啡风味。

水洗原生种咖啡

经过精心地分类、运输及烘焙，埃塞俄比亚原生种咖啡的风味可谓是独一无二。

非洲

里姆与吉玛

该地区生产并出口的水洗咖啡一般被称为"里姆"（Limu）咖啡，而日晒咖啡则被称为"吉玛"（Djimmah）咖啡。尽管大体来讲"里姆"与"吉玛"咖啡要比西达摩咖啡的味道更加温和，但这两种咖啡也不乏多样的风味特点。

日晒原生种咖啡

埃塞俄比亚咖啡经过适当的日晒干燥，会有一种近乎于热带水果的风味。

厄立特里亚

红海

提格雷州

达纳吉尔沙漠

苏丹共和国

塔纳湖

阿姆哈拉州

巴赫达尔

阿法尔州

吉布提

亚丁湾

本尚古勒-古马兹州

埃 塞 俄 比 亚

列肯普地、沃莱加及金比地区

埃塞俄比亚高原

南苏丹共和国

古吉

奥罗莫

里姆

亚的斯亚贝巴

德雷达瓦

哈拉尔

甘贝拉各族

伊路巴博

阿马罗

吉玛

坎巴塔

阿鲁西

索马里州

卡法

沃拉伊塔

特比

南方州

阿巴亚湖

耶加雪菲

奥罗米亚州

巴莱

贝贝卡

西达摩

博勒纳

肯尼亚

成熟过程中的咖啡果

咖啡果并不都在同一时间成熟，因此采集者要通过肉眼分辨出成熟的果实。

水洗瑰夏

当地的瑰夏咖啡具有雅致的花香味。

图例
- ⬤ 知名咖啡生产地区
- ▦ 生产区域

0 千米 ────── 200
0 英里 ────── 200

西达摩

西达摩地区草木茂盛，地形多样。这里生产的咖啡口味繁多：既可以有柑橘属水果的风味，也可以有坚果与药草的味道。

耶加雪菲

耶加雪菲位于西达摩地区，面积较小，但生产的咖啡却属于埃塞俄比亚品质最好的。该地出产的咖啡通常会有一种明朗的柠檬味与花香，口感清爽且甜度均衡。

水洗摩卡咖啡

摩卡咖啡豆小而圆，是一种不常见的原生种品种。

哈拉尔

该地区炎热干燥，近似沙漠气候。生产的咖啡常带有一种泥土味。最上等的咖啡豆具有蓝莓和其他水果的风味。哈拉尔出产的所有咖啡几乎都是采用日晒法加工处理。

肯尼亚

从全球范围来看，肯尼亚生产的咖啡可以算是香气浓郁、酸度明朗的咖啡之最。虽然不同产地生产的咖啡之间在风味上存在着微妙的差异，但大多数咖啡都具有独特的混合水果与莓果味，酸度近似柑橘属水果，口感浓郁多汁。

仅有大约330家肯尼亚农场的面积达到或超过了15公顷。略微过半的咖啡生产者都只是拥有几公顷土地的小耕农。这些小耕农都被分成小组，归入生产合作社的各个附属工厂中，而每家工厂会收购来自几百甚至几千个生产者采收的咖啡果。

肯尼亚种植阿拉比卡咖啡，主要品种包括SL系列、K7以及鲁伊鲁咖啡。大多数咖啡豆都是经过水洗处理后出口的（参见第20～21页）。

通常，少量精选的、经过日晒处理的咖啡果会被留在肯尼亚供当地人消费。咖啡豆一旦经过加工处理，就会被送到每周的拍卖会上进行售卖，出口商会根据前一周试品过的咖啡出价。尽管咖啡价格仍受商品贸易市场浮动的影响，但拍卖系统会为上等品质的咖啡定出较高的售价，作为激励机制，以此鼓励生产者改进生产操作，提高咖啡品质。

当地特有的红壤
肯尼亚的红壤富含铝和铁元素，出产的咖啡也因此具有独特的风味。

肯尼亚咖啡关键信息

全球市场份额占比： 低于 **0.5%**

主要品种：
阿拉比卡
SL 28，SL 34，K7，鲁伊鲁 11，巴蒂安

采收：
主要作物　10—12月
少量的"休耕期"作物　4—6月

加工处理方法：
水洗法，一小部分采用日晒法

生产国世界排名： 全球第22大咖啡生产国

当地种植技术
目前，肯尼亚人正在对马尔萨比特森林中的大量野生阿拉比卡咖啡树以及少量的其他8种茜草科物种进行研究。

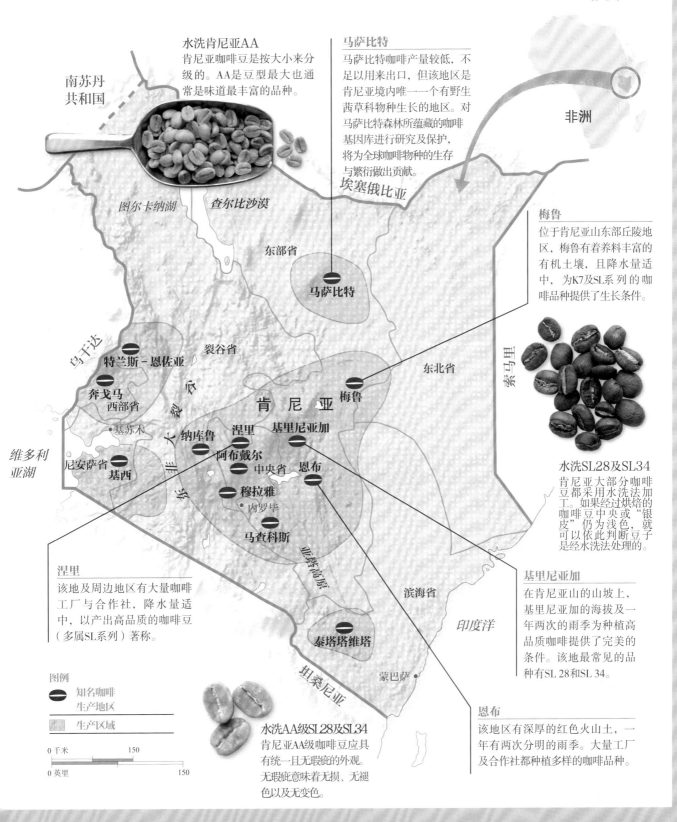

水洗肯尼亚AA
肯尼亚咖啡豆是按大小来分级的。AA是豆型最大也通常是味道最丰富的品种。

马萨比特
马萨比特咖啡产量较低，不足以用来出口，但该地区是肯尼亚境内唯一一个有野生茜草科物种生长的地区。对马萨比特森林所蕴藏的咖啡基因库进行研究及保护，将为全球咖啡物种的生存与繁衍做出贡献。

非洲

南苏丹共和国

图尔卡纳湖　查尔比沙漠

埃塞俄比亚

梅鲁
位于肯尼亚山东部丘陵地区，梅鲁有着养料丰富的有机土壤，且降水量适中，为K7及SL系列的咖啡品种提供了生长条件。

东部省

马萨比特

乌干达

裂谷省

东北省

特兰斯－恩佐亚

奔戈马
西部省

索马里

肯　尼　亚

梅鲁

基苏木

纳库鲁　涅里　基里尼亚加

维多利亚湖

尼安萨省
基西

阿布戴尔
中央省　恩布

穆拉雅

内罗毕

水洗SL28及SL34
肯尼亚大部分咖啡豆都采用水洗法加工。如果经过烘焙的咖啡豆中央或"银皮"仍为浅色，就可以依此判断豆子是经水洗法处理的。

马查科斯

亚撒高原

滨海省

印度洋

涅里
该地及周边地区有大量咖啡工厂与合作社，降水量适中，以产出高品质的咖啡豆（多属SL系列）著称。

泰塔塔维塔

基里尼亚加
在肯尼亚山的山坡上，基里尼亚加的海拔及一年两次的雨季为种植高品质咖啡提供了完美的条件。该地最常见的品种有SL 28和SL 34。

坦桑尼亚

蒙巴萨

图例
知名咖啡生产地区
生产区域

0千米　　150
0英里　　150

水洗AA级SL28及SL34
肯尼亚AA级咖啡豆应具有统一且无瑕疵的外观。无瑕疵意味着无损、无褪色以及无变色。

恩布
该地区有深厚的红色火山土，一年有两次分明的雨季。大量工厂及合作社都种植多样的咖啡品种。

坦桑尼亚

坦桑尼亚的咖啡风味大体分为两种。一种为产自维多利亚湖区的罗布斯塔与阿拉比卡，经日晒法处理，味道厚重、浓郁而甘甜。另一种则为产自坦桑尼亚其他地区的阿拉比卡，经水洗法处理，具有明朗的柑橘属水果与莓果的味道。

咖啡由天主教传教士在1898年引入坦桑尼亚。如今，坦桑尼亚种植的咖啡仅有一部分为罗布斯塔，主要的咖啡作物仍是阿拉比卡，主要品种包括波本、肯特、尼亚萨（Nyassa）以及著名的蓝山咖啡。该国的咖啡产量浮动极大，2011—2012年，产量可从53万4千袋猛增到100万袋。坦桑尼亚的出口收益约20%来自咖啡，但这个行业也面临着许多挑战，比如单棵咖啡树产量较低、收购价格较低、缺乏人员培训与设备等。大多数咖啡豆都是由拥有家庭农场的小耕农生产的。

从事咖啡种植相关工作的家庭约有45万户，而在咖啡产业链中工作的总人数则有大约250万人。

同其他一些非洲国家一样，坦桑尼亚的咖啡也会在每周的拍卖会上被出售。而对于那些想从出口商手中"直接"购买咖啡豆的人来讲，也不是没有捷径可寻。出口商可以让买方按咖啡的品质出价购买：咖啡品质越高，价格也就越高。这样，一个长期可持续的生产循环也就应运而生了。

成熟过程中的咖啡果
咖啡果的成熟速度各有不同。采收者会多次回到同一棵树下，采摘成熟的咖啡果。

坦桑尼亚咖啡关键信息

全球市场份额占比：**0.6%**	采收： 阿拉比卡 7月—次年2月 罗布斯塔 4—12月
主要品种： **70% 阿拉比卡** 波本，肯特，尼亚萨，蓝山 **30% 罗布斯塔**	加工处理方法： 阿拉比卡 水洗法 罗布斯塔 日晒法

生产国世界排名：**全球第18大咖啡生产国**

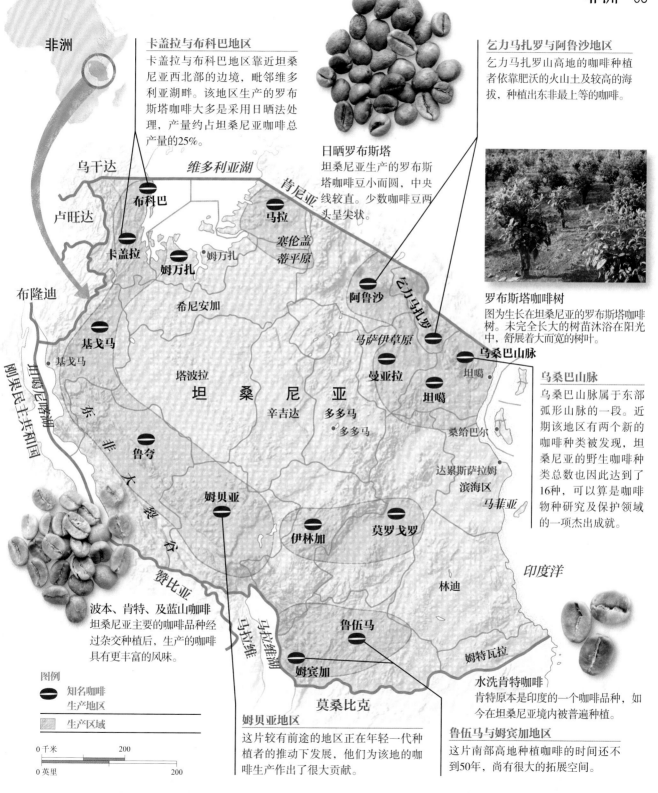

非洲

卡盖拉与布科巴地区
卡盖拉与布科巴地区靠近坦桑尼亚西北部的边境，毗邻维多利亚湖畔。该地区生产的罗布斯塔咖啡大多是采用日晒法处理，产量约占坦桑尼亚咖啡总产量的25%。

日晒罗布斯塔
坦桑尼亚生产的罗布斯塔咖啡豆小而圆，中央线较直。少数咖啡豆两头呈尖状。

乞力马扎罗与阿鲁沙地区
乞力马扎罗山高地的咖啡种植者依靠肥沃的火山土及较高的海拔，种植出东非最上等的咖啡。

罗布斯塔咖啡树
图为生长在坦桑尼亚的罗布斯塔咖啡树。未完全长大的树苗沐浴在阳光中，舒展着大而宽的树叶。

乌桑巴山脉
乌桑巴山脉属于东部弧形山脉的一段。近期该地区有两个新的咖啡种类被发现，坦桑尼亚的野生咖啡种类总数也因此达到了16种，可以算是咖啡物种研究及保护领域的一项杰出成就。

波本、肯特、及蓝山咖啡
坦桑尼亚主要的咖啡品种经过杂交种植后，生产的咖啡具有更丰富的风味。

水洗肯特咖啡
肯特原本是印度的一个咖啡品种，如今在坦桑尼亚境内被普遍种植。

姆贝亚地区
这片较有前途的地区正在年轻一代种植者的推动下发展，他们为该地的咖啡生产作出了很大贡献。

鲁伍马与姆宾加地区
这片南部高地种植咖啡的时间还不到50年，尚有很大的拓展空间。

图例
● 知名咖啡生产地区
 生产区域

0千米　200
0英里　200

卢旺达

　　在东非出产的咖啡中，富有花香的卢旺达咖啡通常是口感最为柔和、味道最为甘甜的。如此精致均衡的风味迅速赢得了全球咖啡爱好者的青睐。

　　卢旺达最早一批咖啡树的种植时间是1904年，而咖啡出口则始于1917年。较高的海拔与稳定的降水量意味着卢旺达有生产高品质咖啡的潜力。

　　目前，卢旺达的出口收益约有一半是来自咖啡产业，因此咖啡的生产与出口近期成为了卢旺达政府改善国家社会经济状况的重要途径。全国境内的水洗处理厂数量曾一度爆炸式增长，为50万户小耕农提供了更易获取的资源以及更便捷的培训途径。

　　卢旺达咖啡面临的挑战之一就是"马铃薯味道缺陷病"（potato defect）。受到某种细菌的侵蚀后，咖啡豆会散发出生马铃薯的臭味，影响咖啡的气味和味道。不过，历史悠久的波本咖啡树仍在咖啡种植中占据着主导地位，较高海拔与肥沃土壤也维持着卢旺达咖啡豆在市场中的上等地位。

北部省
北部省南方生产的咖啡具有柑橘属水果、核果及焦糖的味道，使咖啡的整体风味均衡而甘甜。

西部省
基伏湖湖畔地区可谓是卢旺达一些最著名水洗处理厂的基地。这些工厂持续生产着最高品质的咖啡，其味道丰富雅致、花香四溢、水润丝滑。

水洗波本
经过浅烘焙的卢旺达咖啡具有极为诱人的甘甜香气。

刚果民主共和国

乌干达

维龙加山脉

穆桑泽

布雷拉

鲁博纳

尼亚比胡

加肯科

鲁林多

吉塞尼

北部省

卢　旺　达

东非大裂谷

路特溪洛

穆汉加

尼亚鲁祖

基伏湖

吉塔拉马
中央高原

西部省

卡隆基

南部省

鲁汉戈

尼安扎

南诗客

尚古古

卢西吉

胡耶

布塔雷

基伏

布隆迪

尼亚加塔雷

坦桑尼亚

加齐波

东部平原

吉康比

卡萨博
卡布加

吉库吉罗

卢瓦马加纳

恩玛

博格沙拉

鲁韦鲁湖

卡永扎

艾希玛湖

东部省

卢旺达咖啡关键信息

全球市场
份额占比: **0.2%**

主要品种:

99% 阿拉比卡

波本，卡杜拉，卡杜阿伊

1% 罗布斯塔

采收:
阿拉比卡 3—8月
罗布斯塔 5—6月

加工处理
方法:
水洗法，
一小部分采用日晒法

生产国世界排名:

全球第32大咖啡生产国

水洗卡杜阿伊
卢旺达的土壤使卡杜阿伊等品种在
烘焙后散发出花香与核果的味道。

东部省
在卢旺达的东南角诞生了一小
批农场与水洗处理厂，生产的
咖啡具有浓郁的巧克力与森林
水果的味道，逐渐为这些农场
与处理厂赢来了良好的声誉。

水洗波本
卢旺达仍保留着大部分的老
波本品种，而精品咖啡市场
对这种咖啡豆极为关注。

未成熟的阿拉比卡咖啡果
当这些咖啡果成熟后，卢旺
达的咖啡采收者会亲自用双
手将果实全部摘下。

南部省
卢旺达南部省高地出
产的咖啡具有一种经
典的花香或柑橘属水
果味，口感精致如奶
油，风味微妙而甘甜。

图例

　　知名咖啡
　　生产地区

　　生产区域

0 千米　　　　　　20

0 英里　　　　　　20

家庭烘焙

　　在家烘焙咖啡豆，也可以获得自己想要的风味。家庭烘焙有两种方式，既可以选择用家庭电动烘焙机，稳定操控烘焙程度，也可以将咖啡豆倒入炒锅内，放在炉灶上加热，通过不断地翻炒进行烘焙。

如何进行烘焙

　　要想掌控好烘焙时间、温度及总体烘焙程度之间的平衡，就需要一定的练习。不过，对于希望更好地了解咖啡潜藏风味的人来说，尝试家庭烘焙是一条上好的途径。你可以在一定条件下进行不断地试验与品尝，直到找到适合自己的烘焙方式为止。其实，烘焙成色上好的美味咖啡并没有一套一成不变的方法。只要注意观察烘焙的过程以及烘焙带来的风味变化，就能很快地学会如何控制烘焙程度，

达到预期的效果。建议将烘焙所用的总时间设置为10~20分钟。如果烘焙的时间少于10分钟，咖啡豆可能还比较生涩，口味也不尽如人意。如果烘焙的时间超过了20分钟，烘焙出的咖啡尝起来较平淡无味。如果你购买了一台家庭电动烘焙机，按使用说明操作即可。

烘焙过程的不同阶段

　　咖啡豆在烘焙过程会发生变化：豆子会变大，也更加光滑，并散发出不同的香气。

0分钟

未经烘焙的咖啡生豆
咖啡生豆在烘焙之前呈青绿色，冲煮出的咖啡有一种植物的味道。

6分钟

高压阶段
随着咖啡豆中水分的温度升高，豆子内部的蒸汽压力也逐渐增强，外表色泽持续加深。一些豆子会变成较深的棕色，看起来像是基本烘焙完毕的色泽；但当它们进入到下一个关键的烘焙阶段（第一次爆裂）时，豆子的颜色又会暂时性地变回浅色。

3分钟

脱水干燥阶段
烘焙的第一步是脱水。在脱水过程中，咖啡豆会渐渐从青绿色变为黄色，然后变为浅棕色。随着水分的蒸发以及酸性物质的反应与分解，生豆的植物味道会被除去。脱水后的咖啡豆闻起来像爆米花或烤面包，而颜色的变化会使它们看起来"皱巴巴"的。

咖啡生豆

新鲜的高品质咖啡生豆在网上及精品咖啡店中均有售卖。用这种咖啡豆尝试家庭烘焙，你很快就可以通过练习掌握这门技能，烘焙的效果甚至会超过市售的任何咖啡。不过，你需要做好失败与多次尝试的准备。即使是选用最上等的咖啡豆，若操作不当或不熟练，也很有可能会毁掉咖啡的风味。

使用久放或者质量差的咖啡生豆是无法冲煮出可口的咖啡的。对于这种咖啡豆，你唯一能做的就是用深度烘焙产生的焦味来遮盖豆子本身平淡的木头味或麻袋味。

小贴士
烘焙至令你满意后，用2~4分钟使之自然降温，并放置1~2天进行排气，然后再研磨及冲煮。如果要冲煮意式浓缩咖啡，则需预留更多的时间（大约1周）。

13分钟

烘焙阶段

这一阶段，豆子中的糖分、酸性物质及其他化合物会发生反应，产生不同的风味。酸性物质渐渐分解，糖分逐步焦糖化，而咖啡内部的细胞结构则会慢慢脱水与软化。

16分钟

第二次爆裂

在所产生气体的压力下，咖啡豆终会迎来第二次爆裂。油脂会随着内部的压力，从已脆化的豆子中析出至表面。许多意式浓缩咖啡所用的豆子都是在第二次爆裂的初期或中期烘焙出来的。

9分钟

第一次爆裂

豆子内部的蒸汽压力最终会使其裂开，同时发出类似爆米花爆裂时的噼啪声。这个阶段中，豆子会变大，表面也变得更加光滑，色泽更加均匀，并开始散发出咖啡的香气。若想冲煮滴滤式咖啡或者法压咖啡，则需要在第一次爆裂后暂停1~2分钟再继续烘焙。

20分钟

第二次爆裂后

烘焙超过20分钟后，咖啡豆原有的风味几乎就都丧失了。这些豆子会有过度烘烤的、炭灰一般的苦味。油脂析出表面后也会迅速氧化，使咖啡的味道变得粗糙涩口。

布隆迪

布隆迪生产的咖啡味道十分丰富，既可以有柔和甜美的花香味和柑橘属水果味，也可以有巧克力和坚果的风味。虽然布隆迪咖啡没有多少鲜明的当地风味特征，但咖啡口味的多样性仍引来了不少精品咖啡公司的注意。

布隆迪的咖啡种植历程直到1930年才开始，而当地优质的咖啡在很长时间以后才被专业人士发现。布隆迪的咖啡产业可谓历经艰辛：当地的政治动荡、气候的不断变化等，同时国家深处内陆的地理位置使得维持咖啡品质的工作更为艰难，将毫无损耗的咖啡运到买家手中也是极其不易的事情。

布隆迪境内只有一小部分地区种植罗布斯塔，而大部分的咖啡作物为阿拉比卡——水洗波本、杰克逊或者密比里奇品种（Mibirizi）。由于购买化肥和杀虫剂的资金不足，大多数咖啡作物都是天然有机的。布隆迪约有60万小耕农，每人有200~300棵咖啡树；他们通常还会同时种植其他粮食作物或者在同一片土地牧养牲畜。种植者会将成熟的咖啡果送至水洗处理厂（见本页下方"当地种植技术"）。这些工厂都是布隆迪当地的咖啡管理公司Sogestals的成员，即这家公司专门负责运输和商业贸易方面的工作。

咖啡品质会受"马铃薯味道缺陷病"的影响（参见第64页），但当地正在研究解决此问题的方法。

波本品种的咖啡果
布隆迪种植的咖啡大多为波本品种。法国传教士将该品种引入了留尼汪岛。

布隆迪咖啡关键信息

全球市场份额占比：不到 **0.5%**

主要品种：
96% 阿拉比卡
波本，杰克逊，密比里奇
4% 罗布斯塔

生产国世界排名：**全球第31大咖啡生产国**

采收：
2—6月
加工处理方法：
水洗法

当地种植技术
布隆迪的山区周边有160多家水洗处理厂。这些工厂用专门设计的水槽（参见第21页）对咖啡豆进行水洗加工。

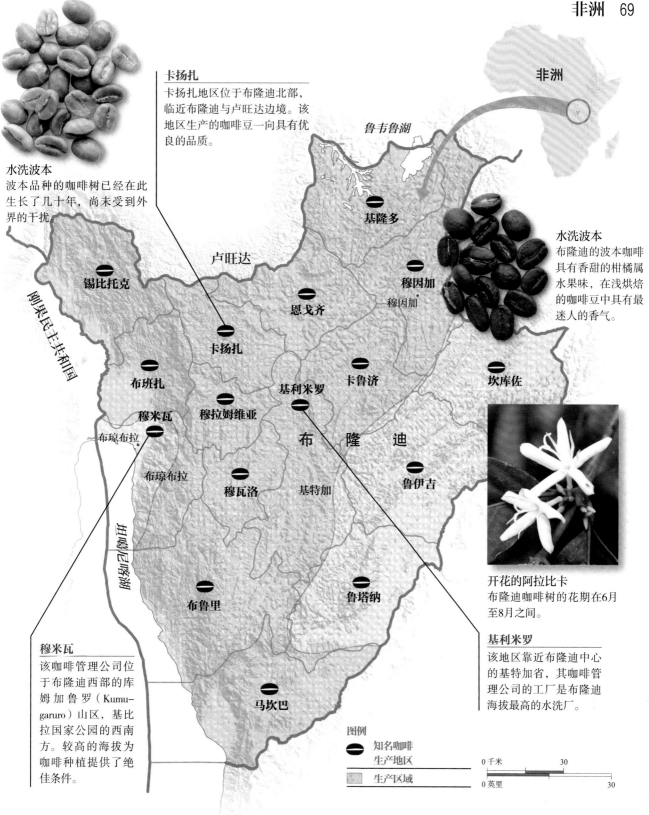

卡扬扎
卡扬扎地区位于布隆迪北部，临近布隆迪与卢旺达边境。该地区生产的咖啡豆一向具有优良的品质。

水洗波本
波本品种的咖啡树已经在此生长了几十年，尚未受到外界的干扰。

非洲

鲁韦鲁湖

卢旺达

基隆多

水洗波本
布隆迪的波本咖啡具有香甜的柑橘属水果味，在浅烘焙的咖啡豆中具有最迷人的香气。

锡比托克

穆因加

穆因加

恩戈齐

卡扬扎

布班扎

卡鲁济

坎库佐

穆米瓦

穆拉姆维亚

基利米罗

布琼布拉

布琼布拉

布　隆　迪

穆瓦洛

基特加

鲁伊吉

开花的阿拉比卡
布隆迪咖啡树的花期在6月至8月之间。

布鲁里

鲁塔纳

穆米瓦
该咖啡管理公司位于布隆迪西部的库姆加鲁罗（Kumu-garuro）山区，基比拉国家公园的西南方。较高的海拔为咖啡种植提供了绝佳条件。

马坎巴

基利米罗
该地区靠近布隆迪中心的基特加省，其咖啡管理公司的工厂是布隆迪海拔最高的水洗厂。

刚果民主共和国

坦噶尼喀湖

图例
知名咖啡生产地区
生产区域

0千米　30
0英里　30

乌干达

　　罗布斯塔原产于乌干达，至今部分地区仍长有野生的罗布斯塔品种。因此，乌干达成为世界第2大罗布斯塔咖啡出口国也就不足为奇了。

　　阿拉比卡咖啡于20世纪早期被引入乌干达，而大部分如今都生长在埃尔贡山的山麓地带。乌干达约有300万家庭的收入是依靠咖啡产业获得的。部分仍在被种植和生产的阿拉比卡咖啡品种包括铁毕卡和SL系列。

　　无论对于阿拉比卡还是罗布斯塔咖啡，新的生产及加工方式都可以提升咖啡的品质。人们通常认为罗布斯塔比阿拉比卡咖啡的品质低，而且罗布斯塔一向只生长在地势较低的地区。但在乌干达，罗布斯塔的种植海拔为1500米。乌干达的咖啡豆也是经过水洗法而非日晒法加工的（参见第20～21页）。随着咖啡品质的改善，种植者也将得益于优良的农业操作。

经日晒法处理的罗布斯塔
乌干达人称水洗法处理的咖啡为"乌加"（wugars），日晒法处理的为"德鲁加"（drugars）。

布吉苏
布吉苏和埃尔贡山地区的小农场坐落在海拔1600～1900米的高地，生产的水洗阿拉比卡具有厚重的口感以及甘甜的巧克力风味。

西部地区
顶部覆盖着白雪的鲁文佐里山位于乌干达西部，盛产日晒法处理的阿拉比卡咖啡，被乌干达人称为"德鲁加"。这些咖啡具有似葡萄酒的水果风味和适宜的酸度。

维多利亚湖盆地
肥沃且具有泥土质地的土壤适宜于种植罗布斯塔，因此维多利亚湖盆地就成为了一个适宜的种植地区。该地区较高的海拔也使罗布斯塔咖啡的酸度更强，口味更丰富。

地图标注： 非洲　布吉苏　刚果民主共和国　西尼罗　古卢　北部　北部地区　利拉　乌干达　基奥加湖　姆巴莱　东部　布吉苏　艾伯特湖　大　裂　谷　东非　西部地区　西部　中部及西南部地区　穆科诺　金贾　坎帕拉　维多利亚湖盆地　肯尼亚　卡塞塞　马萨卡　姆巴拉拉　德华湖　维多利亚湖　坦桑尼亚

乌干达咖啡关键信息

全球市场份额占比： 2%

主要品种：
80% 罗布斯塔
20% 阿拉比卡
铁毕卡，SL 14
SL28，肯特

生产国世界排名：
全球第11大咖啡生产国

采收：
阿拉比卡
10月—次年2月
罗布斯塔
全年，11月—次年2月为高峰期

加工处理方法：
水洗法与日晒法

图例
　知名咖啡生产地区
生产区域

0千米　100
0英里　100

马拉维共和国

作为世界上最小的咖啡生产国之一，马拉维仍然有着独特的吸引力，生产着风味微妙、富有花香的东非咖啡。

咖啡在1891年被英国人引入马拉维。很特别的一点是，马拉维的阿拉比卡咖啡品种主要是瑰夏、卡蒂姆、少量的阿加诺、新世界、波本和蓝山。生产者也通过种植肯尼亚SL 28来助推精品咖啡产业的发展。

与其他非洲国家不同，马拉维的许多咖啡树都被种植在梯田里，以更好地保留水分，对抗土壤侵蚀。马拉维每年平均生产2万袋咖啡，内部消耗极少。约有50万小耕农从事咖啡种植。

非洲

坦桑尼亚
密苏库山脉
· 卡龙加

北部区

弗卡山脉

姆祖祖

恩卡塔贝高地

维斐亚

姆津巴

卡松古

赞比亚

马拉维湖

中央区
马拉维共和国

利隆圭 · 奇波卡

马隆贝湖

松巴
松巴 · 奇尔瓦湖

南部区
奇拉祖卢高地
布兰太尔

蒂约罗高地

莫桑比克

密苏库山脉
该地区位于海拔1700～2000米的高地，生产的咖啡属于马拉维最好的咖啡。该地靠近松维河（Songwe river），为咖啡生长提供了稳定的降水和温度。

恩卡塔贝高地
恩卡塔贝高地围绕着姆祖祖的西南与东南地区，海拔可达2000米，气候炎热多雨。该地所产咖啡的口味与埃塞俄比亚咖啡十分相似。

弗卡山脉
在利文斯敦尼亚（Livingstonia）的尼卡国家公园高原和智兰巴湾之间，咖啡生长在海拔约为1700米的弗卡山脉上。该地出产的咖啡具有微妙的花香，甘甜且雅致。

水洗卡蒂姆
生长在马拉维高海拔地区的卡蒂姆具有适宜的酸度，烘焙过后酸度变得尤为鲜明。

水洗波本、瑰夏及阿加诺
马拉维咖啡品种多样，吸引了众多精品咖啡公司的注意。

图例
● 知名咖啡生产地区
▨ 生产区域

0 千米   100
0 英里   100

马拉维咖啡关键信息

全球市场份额占比： 0.01%	**主要品种：阿拉比卡**
采收： 6—10月	阿加诺，瑰夏，卡蒂姆，新世界，波本，蓝山，卡杜拉
加工处理方法： 水洗法	
生产国世界排名： 全球第43大咖啡生产国	

世界咖啡种类
亚洲及大洋洲

印度

印度的阿拉比卡与罗布斯塔咖啡口感浓郁且酸度较低，适合冲煮意式浓缩咖啡，受到许多人的欢迎。一些地区的咖啡具有鲜明的风味特征，而出口商也热衷于探索更多的咖啡风味。

印度咖啡生长在树荫下，通常会与其他农作物种植在一起，比如胡椒、小豆蔻、姜、坚果、橙子、香草、香蕉、芒果及菠萝蜜。到了收获的季节，采摘下来的咖啡果会被生产者用不同的方法加工处理，包括水洗法、日晒法以及"风渍法"（见本页下方"当地种植技术"）—— 一种印度当地独有的加工方法。

阿拉比卡是印度种植的咖啡种类之一，其中包括的品种有卡蒂姆、肯特以及S 795等。但印度主要的咖啡作物仍是罗布斯塔。印度约有25万咖啡种植者，大部分为小耕农。对于近百万的印度人口来说，咖啡是他们赖以为生的产业。罗布斯塔咖啡通常一年有两次采收季节，但因气候条件的变化，具体的采收时间可能会相差几周。

在过去的5年里，印度咖啡的年平均产量达到了近500万袋。大约80%的咖啡都用于出口，不过越来越多的印度人也开始选择饮用当地生产的咖啡。

传统的印度滴滤咖啡是由四分之三份的咖啡和四分之一份的菊苣*（chicory）研磨冲煮制成，在印度当地很受欢迎。

罗布斯塔咖啡果
采收过后，印度的罗布斯塔咖啡豆有时会通过风渍法加以处理。

印度咖啡关键信息

全球市场份额占比： 3.5%	**采收：** 阿拉比卡10月—次年2月 罗布斯塔1—3月
主要品种： 60% 罗布斯塔 40% 阿拉比卡 考末立/卡蒂姆，肯特，S 795，精选系列4、5B、9、10、圣瑞蒙，卡杜拉，德瓦马基	**加工处理方法：** 日晒法，水洗法，蜜处理法，风渍法

当地种植技术
在印度当地特有的风渍加工处理法中，咖啡果会被置于季风气候炎热潮湿的环境下，豆子膨胀褪色，发生风味变化。

生产国世界排名：全球第6大咖啡生产国

译者注：*菊苣也俗称作"咖啡萝卜"。

亚洲

水洗肯特
肯特品种的培育源自印度，后被引入东非。

东北地区
东北地区是新开发的咖啡种植地区。该地区生产的咖啡仅占印度咖啡总产量的2%，种类均为阿拉比卡。

查谟和喀什米尔

阿姆利则

喜马偕尔邦

中国

旁遮普

北阿坎德

哈里亚纳

德里
德里
新德里

尼泊尔

喜马拉雅山脉

锡金

不丹

阿鲁纳恰尔邦
（译者注：属中印争议地区）

缅甸

阿萨姆

那加兰

梅加拉亚

曼尼普尔

塔尔沙漠

拉贾斯坦

斋浦尔

勒克瑙

北方邦

比哈尔

特里普尔

米佐拉姆

巴基斯坦

印度

古吉特拉

艾哈迈达巴德

贾坎德

西孟加拉

加尔各答

孟加拉

中央邦

达德拉－纳加尔哈维利

达曼－第乌

那格浦尔

马哈拉施特拉

孟买

恰蒂斯加尔

孟加拉湾

日晒罗布斯塔
印度生产的罗布斯塔咖啡属于全世界品质最高的咖啡。

奥里萨

安得拉

东部地区
安得拉邦和奥里萨邦是东部海岸新开发的咖啡种植地区，目前生产的咖啡占印度咖啡总产量的6%，种类均为阿拉比卡。

阿拉伯海

西高止山脉

德干高原

海得拉巴

东高止山脉

印度洋

喀拉拉邦
喀拉拉邦生产的咖啡约占印度咖啡总产量的30%，绝大部分为罗布斯塔。主要的种植区包括瓦亚纳德、特拉凡科尔以及帕拉卡德。著名的风渍马拉巴咖啡就起源于该地区。

卡纳塔克

果阿

卡纳塔克
该地位于印度南部，生产的咖啡略微超过印度咖啡总产量的一半，其中70%为罗布斯塔。17世纪，印度的第一株咖啡树苗被种植在了奇克马加卢尔的巴巴布丹吉利山脉。

班加罗尔

金奈

泰米尔纳德

喀拉拉

斯里兰卡

风渍马拉巴（Monsooned Malabar）
风渍法处理的咖啡豆有些许木头的味道，酸度较低，口感浓厚。

泰米尔纳德邦
泰米尔纳德邦生产的咖啡占印度咖啡总产量的10%左右，阿拉比卡和罗布斯塔均有种植。主要的种植地包括谢瓦罗伊丘陵以及尼尔吉利与科代卡纳尔的周边地区。

图例

⬛ 知名咖啡生产地区

🔲 生产区域

0千米 300

0英里 300

苏门答腊岛（印度尼西亚）

苏门答腊是印度尼西亚最大的岛屿。该岛生产的咖啡略有木头的味道，口感厚重浓郁，酸度较低，口味丰富。可品尝出的风味包括泥土味、松木味、香料味、发酵水果味、可可味、药草味、皮革味以及烟草味。

印度尼西亚主要生产具有乡土风味的罗布斯塔以及少量阿拉比卡咖啡。1888年，苏门答腊的第一批咖啡种植园诞生了；如今，它们是印度尼西亚罗布斯塔的最大生产者，为整个国家的咖啡总产量贡献着约75%的咖啡。

阿拉比卡咖啡中，铁毕卡品种最为常见。苏门答腊种植的咖啡品种繁多，包括一部分波本、S系列混种咖啡、卡杜拉、卡蒂姆、希布里多蒂姆（蒂姆蒂姆，Tim Tim）埃塞俄比亚分支的品种兰邦（Rambung）和阿比西尼亚（Abyssinia）。生产者经常将不同品种的树苗杂交种植，于是产生了许多天然的杂交品种。当地水资源比较稀缺，所以小耕农大多用传统的湿刨法来加工咖啡豆（参见本页下方"当地种植技术"）。这种方法会使咖啡豆呈现出一种蓝绿色。不过不尽人意的是，这种加工法可能会损伤咖啡豆，并且导致缺陷或细菌感染。

成熟的罗布斯塔咖啡果
苏门答腊的罗布斯塔咖啡树主要生长在岛的中部及南部。

苏门答腊咖啡关键信息

全球市场份额占比： 大约 **7%**（印度尼西亚）

主要品种：
75% 罗布斯塔
25% 阿拉比卡
铁毕卡，卡杜拉，波本，S系列种间杂交品种，卡蒂姆，蒂姆蒂姆

生产国世界排名： 全球第3大咖啡生产国

采收：
10月—次年3月

加工处理方法：
湿刨法与水洗法

当地种植技术
运用湿刨法（Giling Basah）加工咖啡果时，需要将外果皮和果肉同咖啡种子分离（参见第20页），放置1天左右干燥，在咖啡豆还保有一定水分的情况下将包裹着豆子的羊皮去除。

印度尼西亚

亚齐
位于苏门答腊岛屿的北端，该地区临近迦幼山、塔肯公以及劳特-塔瓦湖，海拔1100～1300米，是许多咖啡种植农场的驻扎地。

安达曼海

班达亚齐

亚齐

锡默卢岛

棉兰

北苏门答腊

马六甲海峡

多巴湖

林东

水洗雷苏娜
如今，出口商愿意在市场上销售那些自身具有独特风味特征的咖啡品种。雷苏娜通常具有夹带果香的可口风味。

马来西亚

水洗长粒种咖啡
该品种源自埃塞俄比亚。尽管生长在印度尼西亚，这种长长的咖啡豆仍具有浓烈的水果风味。

楠榜
苏门答腊最大的罗布斯塔出产地区位于岛屿的最南端。该地区海拔在400～700米，气候也适宜罗布斯塔的生长。

巴里桑山脉

廖内

北干巴鲁

印度尼西亚

苏门答腊岛

林东
多巴湖周边的咖啡农场位于海拔1200～1500米的高处。产区则可从林东尼夫它绵延至西里加朗。该地区所种植的阿拉比卡咖啡在印度尼西亚属一流。

明打威海峡

西比路岛

巴东

西苏门答腊

占碑

占碑

南苏门答腊

巨港

水洗延藤（Jantung）
近年来，人们对苏门答腊出产的不同咖啡品种兴趣渐增。延藤咖啡所展现的通常就是许多人眼中典型的印度尼西亚风味。

明古鲁和芒库拉亚

明古鲁

楠榜

图例

⬤ 知名咖啡生产地区

▨ 生产区域

0千米　　　　200

0英里　　　　200

西南地区
明古鲁和芒库拉亚是新开发的咖啡种植生产地区，多用湿刨法与日晒法加工咖啡豆，生产的罗布斯塔咖啡具有浓厚的乡土风味。

印度洋

楠榜港

苏拉威西岛（印度尼西亚）

在印度尼西亚的所有岛屿中，苏拉威西岛所种植的阿拉比卡咖啡树数量最多。经过精心加工处理的咖啡各有不同的风味：葡萄柚味、莓果味、坚果味以及香料味。这些咖啡通常口味鲜明而独特，大多酸度较低且口感浓厚。

苏拉威西生产的咖啡仅占印度尼西亚咖啡作物总产量的2%左右，每年大约生产7000吨阿拉比卡咖啡。当地也种植罗布斯塔，不过主要供苏拉威西当地消耗，而非用于出口。

苏拉威西岛的土壤含铁量丰富，并且在很高的海拔上也可以种植古老的铁毕卡、S 795以及任沫（Jember）等品种。当地大多数农业生产者均为小耕农，仅有5%的咖啡作物产自较大的种植园。与苏门答腊相同（参见第76页），苏拉威西也用传统的湿刨法对咖啡进行加工。这就使当地的咖啡豆呈现出一抹经典印尼咖啡的深绿色。

不过，当地部分生产者也开始向中美洲学习了，因为用水洗法处理咖啡豆（参见第20～21页）有助于增加当地产品的价值。另外，加工方法的发展过程很大程度上要归功于日本进口商：日本是苏拉威西咖啡最大的买家，为了保证出产的咖啡能够符合高品质标准，他们向苏拉威西咖啡产业中投入了大量资金。

成熟过程中的罗布斯塔
苏拉威西岛上种植比例较小的罗布斯塔咖啡树大多都生长在岛屿的东北部地区。

苏拉威西咖啡关键信息

全球市场份额占比：大约 **7%**（印度尼西亚）	采收：**7—9月**
主要品种：**95% 阿拉比卡** 铁毕卡，S 795，任沫 **5% 罗布斯塔**	加工处理方法：**湿刨法与水洗法**
生产国世界排名：**全球第3大咖啡生产国**	

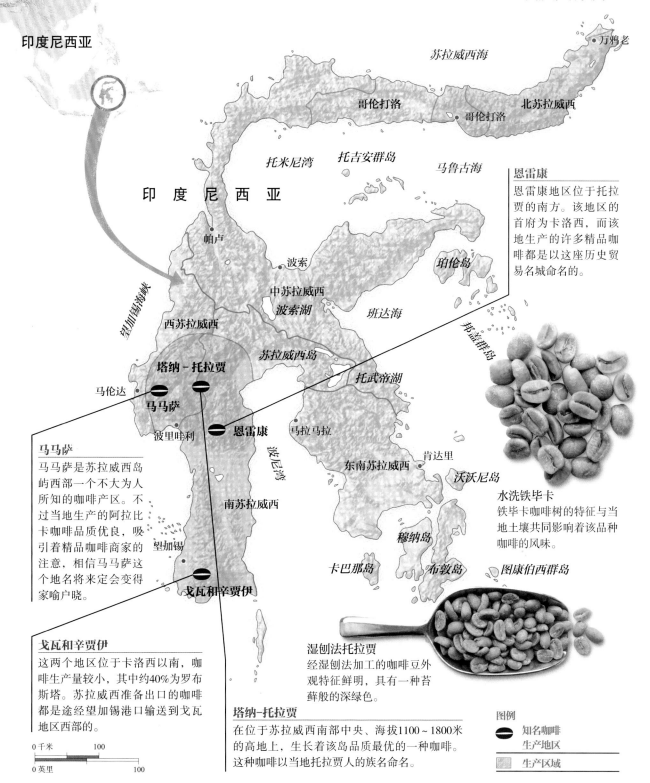

印度尼西亚

苏拉威西海

万鸦老

哥伦打洛

哥伦打洛

北苏拉威西

印 度 尼 西 亚

托米尼湾

托吉安群岛

马鲁古海

帕卢

波索

中苏拉威西

波索湖

班达海

珀伦岛

恩雷康

恩雷康地区位于托拉贾的南方。该地区的首府为卡洛西，而该地生产的许多精品咖啡都是以这座历史贸易名城命名的。

望加锡海峡

西苏拉威西

苏拉威西岛

托武帝湖

邦盖群岛

塔纳－托拉贾

马伦达

马马萨

波里哇利

恩雷康

马拉马拉

肯达里

东南苏拉威西

沃沃尼岛

马马萨

马马萨是苏拉威西岛屿西部一个不大为人所知的咖啡产区。不过当地生产的阿拉比卡咖啡品质优良，吸引着精品咖啡商家的注意，相信马马萨这个地名将来定会变得家喻户晓。

博尼湾

南苏拉威西

望加锡

穆纳岛

戈瓦和辛贾伊

卡巴那岛

布敦岛

图康伯西群岛

水洗铁毕卡

铁毕卡咖啡树的特征与当地土壤共同影响着该品种咖啡的风味。

戈瓦和辛贾伊

这两个地区位于卡洛西以南，咖啡生产量较小，其中约40%为罗布斯塔。苏拉威西准备出口的咖啡都是途经望加锡港口输送到戈瓦地区西部的。

湿刨法托拉贾

经湿刨法加工的咖啡豆外观特征鲜明，具有一种苔藓般的深绿色。

塔纳－托拉贾

在位于苏拉威西南部中央、海拔1100～1800米的高地上，生长着该品质最优的一种咖啡。这种咖啡以当地托拉贾人的族名命名。

图例

知名咖啡
生产地区

生产区域

0 千米　　100

0 英里　　　100

爪哇岛（印度尼西亚）

印度尼西亚

爪哇岛生产的咖啡并没有多少独特的当地风味。不过总体来说，该岛所产的咖啡酸度较低，具有坚果或泥土的味道，口感醇和浓厚。部分咖啡还会通过专门的陈放来酝酿一种乡土风味。

西部高地

新兴私有种植区的开发正在爪哇岛西部悄然上演。该地区种植的咖啡品种十分丰富，包括安东莎莉、斯加拉伦唐及卡迪卡等实验品种，还有S系列、阿藤、任沫和古老的铁毕卡品种。同时，令人期待的新品种咖啡豆开发也指日可待。

西冷　雅加达
唐格朗（文登）　大雅加达首都特区
巽他海峡
帕奈坦岛
万丹省　　茂物　　贾蒂卢胡水库
西部高地　　展玉　　井里汶　　　　爪哇海
苏加武眉　万隆　　　勿里碧　直葛　北加浪岸
西爪哇省
印　度　尼　西　亚　　中爪哇省
加鲁特（牙律）
尖米士　　　爪哇岛
中央高地
芝拉扎

水洗阿拉比卡

爪哇岛的阿拉比卡咖啡通常豆型较大，表面光滑，几乎看不到银皮。

爪哇咖啡关键信息

全球市场份额占比： 大约 **7%**（印度尼西亚）

采收：
6—10月

加工处理方法：
水洗法

生产国世界排名： 全球第3大咖啡生产国

主要品种：
90% 罗布斯塔
10% 阿拉比卡

安东莎莉，麝香猫，S系列，卡迪卡，阿藤，斯加拉伦唐

当地种植技术

爪哇人主要用水洗法加工咖啡。该方法可以降低豆子因湿刨法（参见第76页）加工而导致的缺陷或细菌感染。

印度尼西亚是首个非洲以外大批量栽培咖啡的国家。印尼咖啡的种植始于1696年，最早种于爪哇岛西部的雅加达周边地区。第一批咖啡树苗由于洪水的缘故未能存活下来，但3年之后的第二次尝试成功地使树苗在这里扎下了根。

不过好景不长，1876年当地爆发的叶锈病几乎将原本生长旺盛的铁毕卡咖啡树赶尽杀绝。自那时起，当地人民开始广泛地种植罗布斯塔咖啡树。直到20世纪50年代，新的阿拉比卡咖啡树才被再次栽种在这里，并且目前仍仅占爪哇岛咖啡总产量的10%左右。

如今，爪哇岛上种植的大多数咖啡均为罗布斯塔，不过仍有一些阿拉比卡品种在此生长，比如阿藤、任沫以及铁毕卡。目前，大部分咖啡都被种植在政府的种植园内（PTP），这些种植园均集中在爪哇岛东部的宜珍高原。国有的种植园生产水洗咖啡，品质比许多其他的印尼咖啡更加优良纯粹。爪哇岛西部的邦加连岸山周边有一些新兴的私有种植区，使该地成为了备受瞩目的未来新产区。

罗布斯塔咖啡果簇
咖啡果成熟的速度各不相同——这就是爪哇岛咖啡采收期很长的原因之一。

爪哇老布朗咖啡豆（Old Brown Java）
咖啡豆放置时间若超过一年，其价值就会降低，不过这种咖啡豆却是一个例外，其精品风味优于其他咖啡品种。

三宝垄

普沃达迪

肯登山

马都拉岛

泗水

苏拉卡尔塔

茉莉芬

宗班

巴厘海

巴苏鲁安（岩望）

谏义里

日惹

东爪哇省

庞越

巴厘海峡

日惹特别自治区

玛琅

东部高地

任抹

巴厘岛

经过修剪的罗布斯塔咖啡树
爪哇岛的种植者有时会等咖啡树生长到较高的高度，然后在采收时节再对其进行修剪，以减轻采收者的工作量。

东部高地
爪哇岛最大的国有种植园包括巴拉万（Blawan）、亚姆比特（Jampit）、班科尔（Pancoer）、加育马斯（Kayumas）以及图戈莎莉（Tugosari）。有几家种植庄园种植罗布斯塔——最有名的两个就是加里瑟罗吉利（Kaliselogiri）和萨达克（Satak）。也有一些私有的种植庄园，比如加里本多（Kalibendo）和阿耶丁津（Ayer Dingin），这些庄园位于海拔较低的地区，使用传统的湿刨法（参见第76页）加工咖啡豆。

水洗罗布斯塔
爪哇岛的罗布斯塔咖啡豆通常品质较高，具有一种略带坚果香的纯粹风味，在商业咖啡中因适于冲煮意式浓缩咖啡而广受欢迎。

图例

知名咖啡生产地区

生产区域

0千米　　50

0英里　　50

咖啡知识问答

　　媒体上关于咖啡的信息十分繁杂，再加上咖啡因对人的作用具有个体差异，想要找到与自己相关的信息就更加困难了。以下信息包含了一些关于咖啡的常见问题与可靠答案。

咖啡是如何使人成瘾的？

咖啡并不是什么让人产生依赖性的药物，而所谓的"戒断症状"也可以通过短时间内逐步减少每日咖啡摄入量来得到缓解。

咖啡会使人脱水吗？

虽然咖啡可以产生利尿作用，但每杯咖啡所含98%的成分都是水，因此也不会使人脱水。饮用后人体所流失的液体都能够通过咖啡摄入量本身弥补回来。

98% 水

喝咖啡对人体健康有益吗？

有研究显示，咖啡及其中的抗氧化物——咖啡因与其他有机化合物对多种健康问题有着积极的缓解作用。

咖啡可以提高人的注意力吗？

饮用咖啡后，大脑的活跃程度会有暂时的提高，而大脑所控制的注意力与记忆力也随之增强。

咖啡因为什么能让人保持清醒?

咖啡因会阻止人体内一种化学物质与受体结合。这种化学物质叫作腺嘌呤核苷（adenosine，腺苷），它通常会使人产生困倦感。该阻止过程同时会引发肾上腺素的分泌，增强人的警觉感。

咖啡因对人的运动能力有什么影响?

适量摄入咖啡因可以提高人在有氧运动中的耐力以及在无氧运动中的表现。咖啡因可以使人的支气管扩张，改善呼吸，同时向血液中释放糖分，将糖分提供给肌肉。

成色较深的咖啡含更多的咖啡因吗?

事实上，成色极深的咖啡反而含有更少的咖啡因，更不会加快提神速度。

为什么我喝了咖啡却没有感觉到任何提神效果?

每天总在同一时间饮用咖啡会导致人体对咖啡因的敏感度降低，因此隔一段时间就要改变一下你的"咖啡饮用作息"。

巴布亚新几内亚

巴布亚新几内亚生产的咖啡口感浓厚，酸度中等偏低，具有药草、木头、热带水果或烟草的风味。

该国咖啡大部分产自小耕农的小型咖啡园，也有一部分出自稍大的种植园；仅有很小比例的咖啡才是国有部门生产的。绝大多数的咖啡属于高地出产的水洗阿拉比卡咖啡，包括波本、阿鲁沙以及新世界等品种。该国200万～300万的人口都以咖啡生产为生。

对于所有咖啡种植省来说，栽种更多的咖啡树、生产更高品质的咖啡无疑会带来很大的利益。

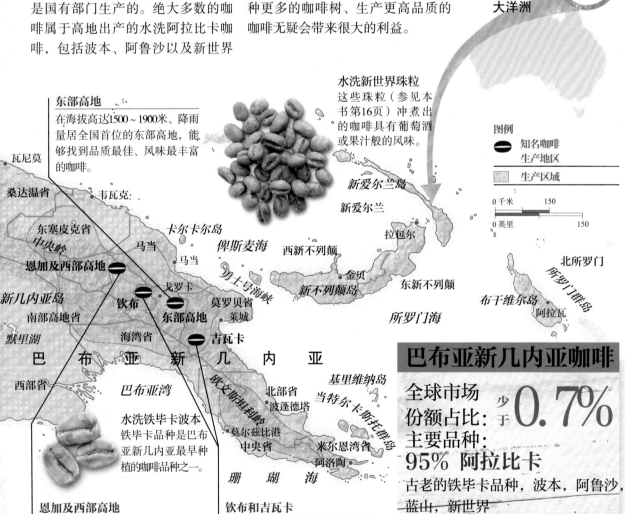

大洋洲

东部高地
在海拔高达1500～1900米、降雨量居全国首位的东部高地，能够找到品质最佳、风味最丰富的咖啡。

瓦尼莫

桑达温省   韦瓦克

东塞皮克省
中央岭
恩加及西部高地

新几内亚岛
南部高地省

默里湖

西部省

巴   布   亚   新   几   内   亚

马当

卡尔卡尔岛

戈罗卡
钦布
东部高地
莫罗贝省
莱城

吉瓦卡

海湾省

水洗新世界珠粒
这些珠粒（参见本书第16页）冲煮出的咖啡具有葡萄酒或果汁般的风味。

新爱尔兰海

新爱尔兰

俾斯麦海
西新不列颠
金贝
新不列颠岛
东新不列颠

拉包尔

北所罗门
所罗门群岛

布干维尔岛
阿拉瓦

所罗门海

图例
知名咖啡生产地区

生产区域

0千米   150
0英里   150

巴布亚湾
水洗铁毕卡波本
铁毕卡品种是巴布亚新几内亚最早种植的咖啡品种之一。

欧文斯坦利山脉
基里维纳岛
当特尔卡斯托群岛

北部省
波蓬德塔

中央省
莫尔兹比港

米尔恩湾省
阿洛陶

珊   瑚   海

恩加及西部高地
该高地地区气候相对干燥，海拔在1200～1800米，生产的咖啡酸度较低，具有药草和坚果的风味。

钦布和吉瓦卡
巴布亚新几内亚最高种植海拔为1600～1900米，品质最佳的咖啡酸度明朗，具有柔和的水果风味。

巴布亚新几内亚咖啡

全球市场份额占比： 少于 **0.7%**

主要品种：
95% 阿拉比卡
古老的铁毕卡品种，波本，阿鲁沙，蓝山，新世界

5% 罗布斯塔

采收： 4—9月

生产国世界排名： 第17名

澳大利亚

澳大利亚生产的阿拉比卡咖啡风味各异，不过通常都具有坚果和巧克力的风味，酸度柔和，偶尔也会带有柑橘与其他水果的香甜风味。

阿拉比卡的种植历史在澳大利亚已有200年之久，但咖啡产业却经历了不少起起伏伏。在过去的30年里，随着机械化采收的逐步应用与发展，新兴农场开始陆续出现，咖啡产业复兴。同时，一些生产者也开始在东海岸外的诺福克岛上进行咖啡种植。

澳大利亚的种植者在当地栽种了一些新品种，比如备受欢迎的K7、卡杜阿伊新世界、古老的铁毕卡品种和波本品种。

澳大利亚咖啡关键信息

全球市场份额占比：	少于 **0.01%**
主要品种：**阿拉比卡** K7，卡杜阿伊，新世界，铁毕卡，波本	采收：6—10月 加工处理方法：水洗法，蜜处理法，日晒法

生产国世界排名：第50名

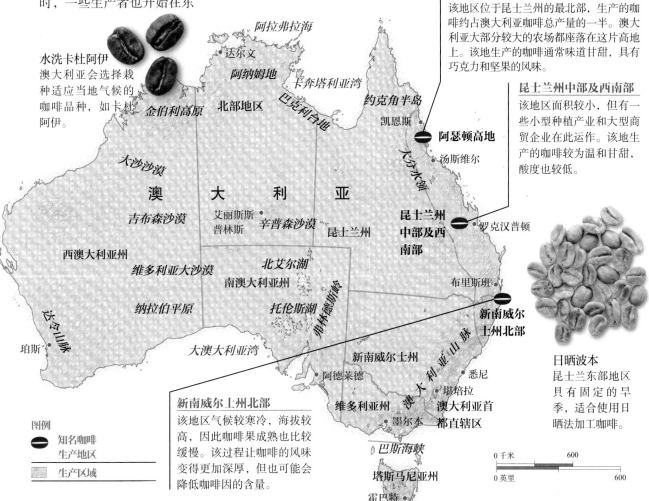

水洗卡杜阿伊
澳大利亚会选择栽种适应当地气候的咖啡品种，如卡杜阿伊。

阿瑟顿高地
该地区位于昆士兰州的最北部，生产的咖啡约占澳大利亚咖啡总产量的一半。澳大利亚大部分较大的农场都座落在这片高地上。该地生产的咖啡通常味道甘甜，具有巧克力和坚果的风味。

昆士兰州中部及西南部
该地区面积较小，但有一些小型种植产业和大型商贸企业在此运作。该地生产的咖啡较为温和甘甜，酸度也较低。

新南威尔士州北部
该地区气候较寒冷，海拔较高，因此咖啡果成熟也比较缓慢。该过程让咖啡的风味变得更加深厚，但也可能会降低咖啡因的含量。

日晒波本
昆士兰东部地区具有固定的旱季，适合使用日晒法加工咖啡。

地图标注：
阿拉弗拉海、达尔文、阿纳姆地、卡奔塔利亚湾、约克角半岛、凯恩斯、阿瑟顿高地、汤斯维尔、大堡礁、金伯利高原、北部地区、巴克利台地、大沙沙漠、澳 大 利 亚、艾丽斯斯普林斯、辛普森沙漠、昆士兰州、吉布森沙漠、昆士兰州中部及西南部、罗克汉普顿、西澳大利亚州、维多利亚大沙漠、北艾尔湖、南澳大利亚州、弗林德斯岭、布里斯班、纳拉伯平原、托伦斯湖、新南威尔士州北部、达令山脉、珀斯、大澳大利亚湾、新南威尔士州、澳大利亚山脉、悉尼、阿德莱德、堪培拉、澳大利亚首都直辖区、维多利亚州、墨尔本、巴斯海峡、塔斯马尼亚州、霍巴特

图例
◉ 知名咖啡生产地区
▨ 生产区域

0 千米	600	
0 英里		600

泰国

泰国咖啡以罗布斯塔为主要品种，不过品质最佳的阿拉比卡咖啡口感十分柔和，酸度较低，有时还散发出令人愉悦的花香味。

泰国种植的咖啡基本都属于罗布斯塔咖啡。大部分咖啡采用日晒法加工后用于制作速溶咖啡。20世纪70年代，当地人觉察到种植高品质阿拉比卡的潜在利益，开始鼓励种植包括卡杜拉、卡杜阿伊和卡蒂姆等品种的咖啡树。不幸的是，后来的工作缺少各方面投入，而种植者也没有什么动力去照看这些咖啡树。直到近些年，人们才对泰国咖啡产生兴趣。同时，投资也让种植者有了生产高品质咖啡的动力。

北部地区

泰国有少量的阿拉比卡生长在北部地区，海拔在800~1500米。阿卡比卡通常采用水洗法进行加工，以此来保持比罗布斯塔更高的售价。

日晒法处理的咖啡果
在泰国，未成熟、成熟以及过熟的咖啡果通常会在同一轮采收中被摘下。

水洗阿拉比卡珠粒
精选珠粒（参见第16页）有时会被分离出来单独售卖，尤其在泰国北部地区。

南部地区

罗布斯塔在南部地区生长良好，产出的咖啡几乎占泰国所产咖啡的全部。

泰国咖啡关键信息

全球市场份额占比： 0.5%

采收： 10月—次年3月

主要品种：
98% 罗布斯塔
2% 阿拉比卡
卡杜拉，卡杜阿伊，卡蒂姆，瑰夏

加工处理方法： 日晒法，一小部分采用水洗法

生产国世界排名： 全球第21大咖啡生产国

图例
知名咖啡生产地区
生产区域

0 千米   150
0 英里   150

越南

越南生产的部分咖啡品种口感柔和，味道甘甜，具有坚果风味，受到精品咖啡市场的瞩目。

越南咖啡的种植生产始于1857年。20世纪早期的政治改革后，越南农业生产者大力促进了咖啡的生产，使咖啡在市场上取得了较好的售价。这些资金转化为了下一步发展的资本。十年后，越南便成为了世界第二大咖啡生产国。但也正因为如此，品质较低的罗布斯塔品种充斥了整个市场，使得咖啡价格下跌，咖啡品质走低。如今，政府试图引导咖啡市场，使市场的供需趋于平衡。罗布斯塔是当地主要的咖啡作物，但当地也种有少量的阿拉比卡。

中海岸北部
该地区的山脉让承天-顺化、广治、河静、义安及清化等地免于季风的困扰，使阿拉比卡种植区得以扩大。

中海岸南部
广南、广义、平定、富安以及庆和地区的农业生产者逐步开始在旱季为咖啡树浇水，操控咖啡树的花期，以便在较好的时节采收成熟的咖啡果。

中央西部高地
多乐、嘉莱、昆嵩以及林同周边地区均有咖啡种植区，海拔为500～700米。该区域白天炎热，夜晚凉爽，有分明的雨季和旱季。

东南部
同奈、巴地-头顿以及平福地区拥有肥沃的红土和炎热潮湿的气候，对罗布斯塔的生长非常有利。采收时节在旱季。

水洗阿拉比卡
尽管产量不断增加，但越南阿拉比卡的风味特征还没有明确的描述。

越南咖啡关键信息

全球市场份额占比：**14%**

主要品种：
95% 罗布斯塔
5% 阿拉比卡
卡蒂姆，莎利（CHARI，艾克赛尔萨种咖啡）

采收：
10月—次年4月

加工处理方法：
日晒法，一小部分采用水洗法

生产国世界排名：
全球第2大咖啡生产国

图例
● 知名咖啡生产地区
生产区域

0 千米　　　150
0 英里　　　150

中国

中国生产的咖啡普遍口感柔和，味道甘甜，具有精致的酸度和坚果的风味（有时也会带有焦糖味和巧克力味）。

中国的咖啡种植始于1887年，由传教士带入云南。直到一个世纪以后，政府才对咖啡的生产投入精力。新措施改进了原有的生产操作与条件，使咖啡总产量每年增长15%左右。尽管目前每年的人均产量仅有2~3杯，但产量仍在不断增长。该地种植的阿拉比卡品种包括卡蒂姆和铁毕卡。

云南省

普洱、昆明、临沧-文山以及德宏地区出产的咖啡占中国咖啡总产量的95%。大部分出产的咖啡为卡蒂姆，保山市也出产部分古老的波本和铁毕卡品种。出产的咖啡大多酸度较低，具有坚果或谷物麦片的风味。

亚洲

水洗铁毕卡

中国出产的铁毕卡通常味道甘甜，口感层次分明，醇度适中。

四川盆地

怒江山脉

四川

云贵高原

贵州
·贵阳

长沙
湖南

中国

上海

南昌

浙江

江西

福州

福建

台湾岛

昆明

广西壮族自治区
·南宁

广东
·广州

·香港

南　海

海口

海南岛
海南

水洗卡蒂姆

该品种是中国种植最广泛的咖啡品种。

缅甸

老挝

越南

中国咖啡关键信息

全球市场份额占比：**0.5%**	采收：**11月—次年4月**
主要品种：**95%阿拉比卡** 卡蒂姆，波本，铁毕卡 **5% 罗布斯塔**	加工处理方法：**水洗法与日晒法**

生产国世界排名：
全球第20大咖啡生产国

海南岛

与中国大陆南海岸的相对的海南岛每年可出产300~400千克的罗布斯塔咖啡。尽管产量正在下降，但当地的咖啡文化依然盛行。该地生产的咖啡酸度柔和，口感浓厚，散发着一种木质香味。

福建省

这个与台湾岛遥遥相对的沿海省份是茶叶生产大省，不过也有部分罗布斯塔咖啡在此生长，仅占中国咖啡总产量很小的一部分。罗布斯塔咖啡酸度较低，味道浓郁。

图例

知名咖啡生产地区

生产区域

0千米		400
0英里		400

正在日照晒干的咖啡果
当地人民常常将咖啡果放在家门外的庭院中晾晒，既用于出售，也供自己饮用。

也门

　　世界上有些风味最独特的阿拉比卡咖啡生长在也门。该国出产的咖啡富有一种"野生"风味，其中包括香料味、泥土味、水果味和烟草味。

　　也门是非洲以外第一个种植咖啡的国家，其种植历史远比其他国家悠久。而摩卡这个小镇则是当地第一个贸易出口港。

　　也门的部分地区仍有一些野生咖啡，但农业生产地区主要种植的是古老的铁毕卡和埃塞俄比亚咖啡的分支品种。同一产区的不同品种通常以该产区的名称命名，所以要想追溯并鉴别这些不同的品种是很困难的。

哈拉吉
从萨那到红海海岸的途中，杰贝尔-哈拉兹山脉成为了哈拉吉地区咖啡种植者的家园。该地生产的咖啡一向口味丰富，具有水果和葡萄酒般的风味。

马塔里
紧邻萨那市西部，在通往荷台达港口的路上，马塔里的咖啡种植区坐落在高海拔地区。马塔里以生产酸度较高的也门咖啡而著名。

亚洲

鲁卜哈利沙漠

沙特阿拉伯

阿曼

迈赫拉

也　门

哈拉吉　　马塔里

萨那

荷台达　伊思玛利

达马利

塔伊兹

亚丁

哈德拉毛

穆卡拉

亚　丁　湾

成熟过程中的咖啡果
在也门，过度成熟的咖啡果会被留在树枝上自行晒干。

达马利
在萨那市以南，扎马尔西部城区生产的咖啡具有经典的也门风味，通常比西方的咖啡口感更加柔和醇厚。

伊思玛利
该地区是以一批定居在荷台布地区的穆斯林而命名的。当地生产的咖啡品种也享有此名，在也门咖啡品种当中属于偏乡野风味的咖啡。

也门咖啡关键信息

全球市场份额占比: 0.1%

主要品种:
阿拉比卡
铁毕卡，原生种品种

采收:
6—12月

加工处理方法:
日晒法

生产国世界排名:
全球第33大咖啡生产国

当地种植技术
当地的种植与加工方法在过去800年中没有太大变化，种植过程中也很少运用化学药剂。因当地缺水，咖啡通常经日晒法处理，外型不太统一。

日晒原生种咖啡
也门出产的一些不知名的原生种咖啡是经日晒法处理的。日晒为咖啡增添了一种独特的当地风味。

0 千米 　　　　150

0 英里 　　　　150

图例
⬭ 知名咖啡生产地区
▨ 生产区域

世界咖啡种类
南美洲与中美洲

巴西

巴西是全球最大的咖啡生产国。虽然不同地区咖啡的风味很难被区分开，但人们普遍认为巴西阿拉比卡（轻度水洗或日晒法加工）味道甘甜，酸度温和且口感适中。

规整的种植
平坦的地势以及整齐的排列有助于种植者进行机械化采收，这种采收方法是巴西农业系统中的一个关键部分。

1920年，巴西生产的咖啡约占全球产量的80%。随着其他国家咖啡产量的增长，巴西咖啡的市场份额逐渐降至当前的35%。但这并没有夺走巴西"全球最大咖啡生产国"的宝座。巴西主要种植的种类是阿拉比卡咖啡，其中很大一部分属于新世界和伊卡图品种。

1975年那场毁灭性的霜冻之后，许多种植者在米纳斯吉拉斯开发了种植园，出产的咖啡几乎占巴西咖啡总产量的一半——这足以与越南（世界第二大咖啡出产国）的咖啡总产量匹敌。而巴西咖啡产量的起伏会给市场带来涟漪效应，改变咖啡的整体价格，也因此而影响几百万人的生活。

如今，巴西约有30万家咖啡种植农场，面积小则半公顷，大则超过1万公顷。巴西当地的咖啡消耗量就要占到其产量的一半左右。

巴西咖啡关键信息

全球市场份额占比： **35%**

主要品种：
80% 阿拉比卡
波本，卡杜阿伊，阿卡伊阿，新世界，伊卡图
20% 罗布斯塔

加工处理方法：
日晒法，
蜜处理法，
半水洗法
以及水洗法

采收：
5—9月

当地种植技术
巴西的咖啡生产过程很大程度上采用机械化操作。与其他国家不同的是，他们会先进行采收，然后再进行咖啡果的分类。

生产国世界排名：全球咖啡生产国之首

南美洲

委内瑞拉

哥伦比亚

圭亚那高原

圭亚那

苏里南

法属圭亚那

博阿维斯塔

罗赖马州

巴尔比纳水库

马瑙斯

蜜处理伊卡图
伊卡图是由巴西当地开发的罗布斯塔杂交品种，生命力十分顽强。

巴伊亚州
巴伊亚地区一些最好的阿拉比卡咖啡出自沙帕达-迪亚曼蒂纳以及周边的高原地区。该地区南部的生产者在大型机械化农场里生产罗布斯塔咖啡。

圣埃斯皮里图
该州为巴西盛产咖啡的第二大州，其中80%的咖啡属于罗布斯塔品种。该州南部海拔1200米的地区也有一些阿拉比卡咖啡种植区。

阿马帕州

贝伦

福塔莱萨

图库鲁伊水库

马拉尼昂州

塞阿拉州

北里奥格兰德州

帕拉伊巴州

累西腓

伯南布哥州

阿拉戈斯州

塞尔希培州

萨尔瓦多

蜜处理卡杜阿伊
结合了日晒法咖啡豆的香甜味道与水洗法咖啡豆的澄净口感。

秘鲁

阿克里州

韦柳港

朗多尼亚州

亚马孙州

帕拉州

亚 马 孙 平 原

巴 西

托坎廷斯州

皮奥伊州

巴伊亚州

蜜处理新世界
这种巴西当地的波本-铁毕卡杂交品种越来越受人们欢迎。

黑蜜伊卡图（黄果）
这种巴西咖啡豆经过轻度烘焙后会带有一丝坚果香。

玻利维亚

马托格罗索州

马托格罗索高原

巴西利亚

联邦区

戈亚斯州

巴西高原

米纳斯吉拉斯州

马塔斯-迪米纳斯

圣埃斯皮里图

贝洛奥里藏特

米纳斯南部

里约热内卢州

里约热内卢

大坎普

南马托格罗索州

圣保罗州

塞拉多

圣保罗州
摩吉安纳是圣保罗州最著名的咖啡种植区。该地区气候较干燥，盛产日晒法加工的阿拉比卡咖啡豆。

塞拉多
塞拉多平坦的地势为咖啡的机械化采收提供了有利条件。该地区90%的咖啡都出自大型农庄，经日晒法处理而成。

伊泰普水库

巴拉那州

圣保罗

阿根廷

圣卡塔琳娜州

南里奥格兰德州

阿雷格里港

乌拉圭

马塔斯-迪米纳斯
在这个多山的地区，约一半的农场都属于小型庄园，每年收成一次。在海拔1200米的地区，咖啡可在较低的温度下生长，产出的咖啡豆味道浓烈香甜，酸度适中。

米纳斯南部
该地区海拔较高（1600米），气温较低，生产的咖啡具有柑橘属水果和花的香气，因此也被许多人称为巴西最好的咖啡。

图例
- 知名咖啡生产地区
- 生产区域

0千米 ——— 500
0英里 ——— 500

哥伦比亚

总体来讲，哥伦比亚咖啡的味道浓郁而醇厚。当地咖啡豆的风味也非常多样：既可以有坚果和巧克力的香甜风味，也可以有充满花香与果香的热带风味。不同地区出产的豆子口味各异。

哥伦比亚山区的气候自成体系，多种多样的局部地区气候使生产出的咖啡各具特色。当地种植的咖啡均为阿拉比卡咖啡——其中包括铁毕卡与波本的不同品种，而加工方法通常为传统的水洗法。不同地区根据各自不同的情况每年收成1~2次。有些地区只在9—12月之间采收咖啡果，然后4—5月再进行一次规模较小的采收。另一些地区每年3—6月进行主要采收，然后10—11月再进行第二轮。两百万哥伦比亚人都以咖啡种植业为生。大部分人在一些小型农场做工，但其中56万人都属于小农户，每人仅有1~2公顷的土地。近些年来，精品咖啡行业已经可以和个体小农户作交易了，这意味着收购商可以从小农户手中以更高的价格购买数量少但品质高的咖啡豆。

同时，越来越多的哥伦比亚人也开始饮用咖啡——本地人大约会消耗全国咖啡生产总量的20%。

正在日晒下干燥的咖啡豆
咖啡豆通常会被放置在混凝土台子上进行晾晒，但由于哥伦比亚地势陡峭，工人会选择把豆子铺在屋顶晾晒。

哥伦比亚咖啡关键信息

全球市场份额占比： **6%**

主要品种：
阿拉比卡

铁毕卡，波本，塔毕，卡杜拉，哥伦比亚，马拉戈吉培，卡斯蒂罗

面临的挑战：
人工控制的干燥过程不稳定，资金不足，土壤侵蚀，气候变化，缺少水资源，缺少安全保障

采收：
3—6月以及
9—12月

加工处理方法：
水洗法

当地种植技术
大多数种植者都有自己的水洗加工设施，可以控制豆子的干燥过程（参见第20~21页）。架起的晒台广受欢迎，方便工人更轻松地翻豆，加快干燥。

生产国世界排名： **全球第4大咖啡生产国**

南美洲

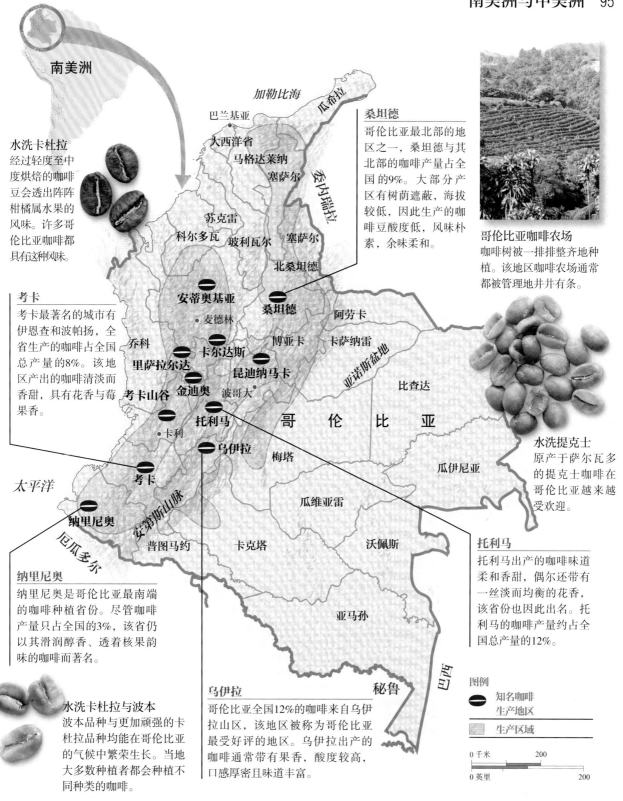

水洗卡杜拉
经过轻度至中度烘焙的咖啡豆会透出阵阵柑橘属水果的风味。许多哥伦比亚咖啡都具有这种风味。

桑坦德
哥伦比亚最北部的地区之一，桑坦德与其北部的咖啡产量占全国的9%。大部分产区有树荫遮蔽，海拔较低，因此生产的咖啡豆酸度低，风味朴素，余味柔和。

哥伦比亚咖啡农场
咖啡树被一排排整齐地种植。该地区咖啡农场通常都被管理地井井有条。

考卡
考卡最著名的城市有伊恩查和波帕扬，全省生产的咖啡占全国总产量的8%。该地区产出的咖啡清淡而香甜，具有花香与莓果香。

加勒比海
瓜希拉
巴兰基亚
大西洋省
马格达莱纳
塞萨尔
委内瑞拉
苏克雷
科尔多瓦
玻利瓦尔
塞萨尔
北桑坦德
安蒂奥基亚
麦德林
桑坦德
阿劳卡
卡萨纳雷
博亚卡
乔科
卡尔达斯
里萨拉尔达
昆迪纳马卡
亚诺斯盆地
比查达
考卡山谷
金迪奥
波哥大
托利马
卡利
哥 伦 比 亚
乌伊拉
梅塔
瓜伊尼亚
太平洋
瓜维亚雷
考卡
沃佩斯
纳里尼奥
安第斯山脉
厄瓜多尔
普图马约
卡克塔
亚马孙
巴西
秘鲁

水洗提克士
原产于萨尔瓦多的提克士咖啡在哥伦比亚越来越受欢迎。

纳里尼奥
纳里尼奥是哥伦比亚最南端的咖啡种植省份。尽管咖啡产量只占全国的3%，该省仍以其滑润醇香、透着核果韵味的咖啡而著名。

托利马
托利马出产的咖啡味道柔和香甜，偶尔还带有一丝淡而均衡的花香，该省份也因此出名。托利马的咖啡产量约占全国总产量的12%。

水洗卡杜拉与波本
波本品种与更加顽强的卡杜拉品种均能在哥伦比亚的气候中繁荣生长。当地大多数种植者都会种植不同种类的咖啡。

乌伊拉
哥伦比亚全国12%的咖啡来自乌伊拉山区，该地区被称为哥伦比亚最受好评的地区。乌伊拉出产的咖啡通常带有果香，酸度较高，口感厚密且味道丰富。

图例
知名咖啡生产地区
生产区域

0 千米   200
0 英里   200

玻利维亚

玻利维亚的咖啡并没有多少为人所知的地区特色风味。但其风味并不单一，有些香甜而均衡，散发着花香和药草香，有些则具有奶油和巧克力的风味。虽然是咖啡生产小国，玻利维亚仍有种植许多极好品种咖啡的潜力。

玻利维亚独有的咖啡文化养育了大约23000家小型农场。这些农场均由农户私人经营，每家农场有2～9公顷的土地。玻利维亚本地消耗的咖啡量占全国生产总量的40%。

由于当地交通不便，加工设备落后且缺乏技术支持，咖啡质量较不稳定，直到最近才吸引了一些精品咖啡商的关注。另外，由于玻利维亚四面均不临海，后勤事务也面临各种挑战，因此大部分用于出口的咖啡都是经由秘鲁输出。在咖啡种植地区发展教育、投入新型加工设施使当地咖啡品质有了一定的提升。同时，玻利维亚的出口商也开始探索国际市场了。

玻利维亚种植的主要是阿拉比卡咖啡的不同品种，比如铁毕卡、卡杜拉以及卡杜阿伊。而天然有机的咖啡作物则在当地随处可见。主要的种植地区在拉巴斯省，包括北永加斯、南永加斯、弗朗兹-塔马约、卡拉纳维、因基西维以及拉雷卡哈。各地的采收季节随海拔、降水和气温的不同而各有差异。

种植与采收
许多玻利维亚咖啡都是天然有机的，因为种植者几乎都负担不起化肥的费用。

玻利维亚咖啡关键信息

全球市场份额占比： 少于 0.1%

主要品种：
阿拉比卡
铁毕卡，卡杜拉，
克里奥罗，卡杜阿伊，
卡蒂姆

加工处理方法：
水洗法，一小部分采用日晒法

采收：
7—11月

面临的挑战：
运输不可靠，缺少加工设备及技术支持

生产国世界排名：全球第35大咖啡生产国

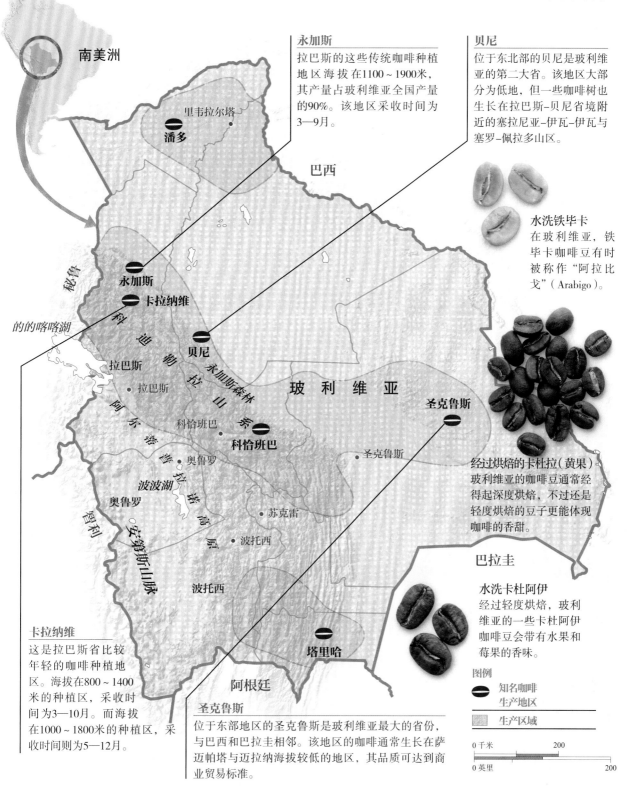

南美洲

永加斯
拉巴斯的这些传统咖啡种植地区海拔在1100～1900米，其产量占玻利维亚全国产量的90%。该地区采收时间为3—9月。

贝尼
位于东北部的贝尼是玻利维亚的第二大省。该地区大部分为低地，但一些咖啡树也生长在拉巴斯-贝尼省境附近的塞拉尼亚-伊瓦-伊瓦与塞罗-佩拉多山区。

水洗铁毕卡
在玻利维亚，铁毕卡咖啡豆有时被称作"阿拉比戈"（Arabigo）。

里韦拉尔塔
潘多

巴西

秘鲁

的的喀喀湖

永加斯
卡拉纳维

科迪勒拉山系

贝尼
拉巴斯
拉巴斯
永加斯森林
玻 利 维 亚
圣克鲁斯

科恰班巴
科恰班巴

阿尔蒂普拉诺高原

奥鲁罗
圣克鲁斯

经过烘焙的卡杜拉（黄果）
玻利维亚的咖啡豆通常经得起深度烘焙，不过还是轻度烘焙的豆子更能体现咖啡的香甜。

波波湖
奥鲁罗

智利

安第斯山脉

苏克雷
波托西

波托西

塔里哈

巴拉圭

水洗卡杜阿伊
经过轻度烘焙，玻利维亚的一些卡杜阿伊咖啡豆会带有水果和莓果的香味。

卡拉纳维
这是拉巴斯省比较年轻的咖啡种植地区。海拔在800～1400米的种植区，采收时间为3—10月。而海拔在1000～1800米的种植区，采收时间则为5—12月。

圣克鲁斯
位于东部地区的圣克鲁斯是玻利维亚最大的省份，与巴西和巴拉圭相邻。该地区的咖啡通常生长在萨迈帕塔与迈拉纳海拔较低的地区，其品质可达到商业贸易标准。

阿根廷

图例

知名咖啡生产地区

生产区域

0 千米 ———— 200

0 英里 ———— 200

秘鲁

秘鲁生产少量的优质咖啡，口感甚佳，酸度均衡，具有泥土与药草的风味。

尽管当地咖啡品质较高，秘鲁依然面临着咖啡品质衡量标准不统一的问题。一个主要的原因是秘鲁国内后勤事务缺乏管理，但政府仍在持续投资教育和基础设施建设，比如道路修建以及新兴种植地区的建设。因为秘鲁北方是新型阿拉比卡咖啡的种植地，所以政府尤其支持那里的新兴种植区的建设。

秘鲁主要种植不同品种的阿拉比卡咖啡，比如铁毕卡、波本以及卡杜拉。约有90%的咖啡都出自小型农场（共12万家左右），其中大部分农场每家约有2公顷土地。

北部地区

秘鲁约有70%的咖啡产自北部地区。该地区种植新型阿拉比卡咖啡，其中大多数为天然有机咖啡。

水洗卡杜拉

经过良好的加工处理，烘焙后的秘鲁咖啡豆余味澄净，味道香甜。

中部地区

高海拔地区（1200～2000米）产出的咖啡大多为天然有机咖啡，酸度适中，柔和雅致，口感层次分明且均衡。

水洗卡杜拉、铁毕卡和波本

经过杂交种植，然后以混合咖啡的形式售卖。尽管如此，当地的一些咖啡品种依然具有其独特之处，如果分开按品种售卖，可以为咖啡增添不少价值。

南部地区

这是秘鲁境内最小的咖啡种植区。大部分咖啡是散装售卖的，有时也会通过合作社销售，因此售出之后较难追踪到原产地。

图例
- 知名咖啡生产地区
- 生产区域

0 千米　300
0 英里　300

秘鲁咖啡关键信息

全球市场份额占比： 3%

采收： 5—9月

加工处理方法： 水洗法

主要品种： **阿拉比卡**

铁毕卡，波本，卡杜拉，帕切，卡蒂姆

生产国世界排名： 全球第9大咖啡生产国

厄瓜多尔

　　厄瓜多尔的生态系统极其多样，因此产出的咖啡风味不一。不过，当地大多数品种都具有经典的南美洲风味。

　　所谓南美洲风味是指咖啡醇度适中，味道香甜，且酸度具有层次感。厄瓜多尔的咖啡产业目前面临着一些挑战——缺少可靠的信贷机制、产量低以及劳动力价格高，而这些对咖啡的品质造成了破坏性的影响。自1985年起至今，厄瓜多尔咖啡种植地的总面积已经减少了一半。目前的种植园出产罗布斯塔和品质较低的阿拉比卡。当地大部分的咖啡作物都是天然有机的，采树荫栽培的；而大部分的小农场都建有自己的冲洗与脱壳加工工厂。不过，在品质上较有潜力的咖啡大多都生长在高海拔地区。当地除了铁毕卡和波本的各个品种以外，卡杜拉、卡杜阿伊、帕卡斯以及萨奇摩尔品种也正在慢慢发展起来。

厄瓜多尔咖啡关键信息

**全球市场
份额占比：0.5%**

**主要品种：
60% 阿拉比卡
40% 罗布斯塔**

加工处理方法： 水洗法与日晒法	采收： 5—9月

**生产国世界排名：
全球第19大咖啡生产国**

南美洲

水洗罗布斯塔
尽管用日晒法处理仍占多数，但水洗罗布斯塔的数量正在逐步增加。

马纳维
这是厄瓜多尔最大的咖啡种植区，其产量占全国阿拉比卡（水洗及日晒）总产量的50%。该地区的咖啡主要生长在较干燥的沿海地区，海拔为300～700米。

埃斯梅拉达斯
埃斯梅拉达斯
卡尔奇
因巴布拉
皮钦查
基多
科托帕希
纳波
马纳维
厄 瓜 多 尔
波托维耶霍
通古拉瓦
洛斯里奥斯
玻利瓦尔
里奥班巴
瓜亚斯
瓜亚基尔
钦博拉索
卡尼亚尔
莫罗纳－圣地亚哥
阿苏艾
埃尔奥罗
萨莫拉－钦奇佩
洛哈
洛哈

哥伦比亚
苏昆比奥斯
奥雷亚纳
帕斯塔萨
秘鲁

水洗铁毕卡
大部分咖啡树通常10～15年就要更换一批，但厄瓜多尔的许多咖啡树都可以存活40年以上。

萨莫拉-钦奇佩省
该地区位于东南部，海拔在1000～1800米，适宜种植。主要生产水洗阿拉比卡，其酸度明朗，味道香甜，隐约带有莓果的风味。

洛哈与埃尔奥罗
该地区位于厄瓜多尔南部，是历史悠久的咖啡种植区。海拔在500～1800米，咖啡产量占全国阿拉比卡总产量的20%。气候较干燥，因此90%的咖啡都是经日晒法处理的。

图例
知名咖啡
生产地区
生产区域

0千米　　　　100
0英里　　　　100

低因咖啡

含咖啡因的咖啡与低因咖啡各有哪些成分对健康有益，又有哪些成分对健康有害，人们对此仍存有许多认知上的误区。对于那些喜爱咖啡醇香而又想减少咖啡因摄入的人来说，低因咖啡可以算是比较好的选择。

咖啡因对人有害吗？

咖啡因是一种嘌呤生物碱，本身为无气味、味道略苦的化合物。这种化合物在纯粹形式下为白色粉末状，含剧毒；而在天然条件下经冲煮后，咖啡因则会成为一种普通的兴奋剂，饮用后会迅速对人体的中枢神经系统产生作用，然后迅速被排出体外。咖啡因对个体的作用因人而异。它可以加速新陈代谢，减轻疲乏感；但它也可以让你感到神经紧张。根据不同个体的性别、体重、基因遗传以及个人病史，咖啡因既可以是一种有效的提神饮料，也可以引起身体的不适。所以一定要了解你对咖啡因的个体反应以及它对人体健康产生的作用。

比比看：这些豆子有什么不同？

经过除因的生咖啡豆颜色多为深绿或棕色。烘焙过后，除因咖啡豆依然比普通咖啡豆颜色要深，不过差别并不如生咖啡豆之间的差别大。经过除因处理后，咖啡豆的细胞结构会变得比较脆弱，因此可以在轻度烘焙后的除因咖啡豆表面看到一层薄薄的油光。这些咖啡豆看起来表面更光滑，色泽更均匀。

普通咖啡豆	低因咖啡豆
烘焙前 危地马拉波本	烘焙前 （山泉水溶除因处理）危地马拉波本
烘焙后 危地马拉波本	烘焙后 （山泉水溶除因处理）危地马拉波本

低因咖啡的真相

大多数商店和咖啡店里都售有低因咖啡。除因技术通常会去除咖啡当中90%~99%的咖啡因，所以低因咖啡的咖啡因含量比一杯红茶里的咖啡因含量还要低，几乎只与一杯热巧克力的咖啡因含量相同。

不幸的是，大多数低因咖啡都是用存放时间较长或者品质较差的生咖啡豆制成的。经过深度烘焙，那些豆子本身不太好的味道会被遮盖掉。如果一家咖啡供应商用新鲜高质的生咖啡豆和高超的烘焙方法制作低因咖啡，这种咖啡的味道可能并不会和其他低因咖啡有太大的不同。实际上，人们基本无法区分普通咖啡和低因咖啡的味道。因此，你可以放心享用低因咖啡，不用担心任何不良后果。

低因科普

去除咖啡因有许多种不同的方法：有些需要运用溶剂，有些则依靠更天然的方法。挑选市面上出售的低因咖啡时，要留意一下包装标签上的相关信息。

溶剂式除因法

用这种方法去除咖啡因，先要用热水熏蒸或浸泡咖啡豆，打开豆子的细胞结构。然后用醋酸乙酯和二氯甲烷从咖啡豆或浸泡豆子的水中将咖啡因洗去。这些溶剂并不十分理想，有时甚至会把咖啡中的一些有益成分也去除出去。另外，这种处理过程还会破坏豆子的结构，使其难以被存放及烘焙。

瑞士水溶除因法

先将咖啡豆浸泡在水中，打开其细胞结构，然后用一种水溶性咖啡萃取液或者生咖啡化合物水溶液来洗去咖啡因。这些萃取液和水溶液吸取的咖啡因会被专门的碳装置过滤掉，使溶液能够被再利用，直到整体的咖啡因含量达到要求。这种方法不含化学制品，对咖啡豆伤害极小，豆子的天然味道也能得到较好的保存。

山泉水溶除因法（Mountain Water method）与瑞士水溶法原理基本相同，只不过处理过程中所用的水是来自墨西哥奥里萨巴山的泉水。

超临界二氧化碳除因法

低温低压条件下的液态二氧化碳可用来提取咖啡豆细胞中的咖啡因。这种方法几乎不会对咖啡豆内决定风味的化合物产生任何影响。提取出的咖啡因会被专门的装置过滤掉，或者直接从二氧化碳中蒸发掉，而液态二氧化碳则会被回收再利用。这种方式不含化学制品，对豆子伤害小，有利于保留咖啡的天然风味，可以算是一种有机的除因方法。

经二氧化碳除因法处理的低因咖啡豆
此法能让咖啡豆变得比较光滑，透出一种深绿色的光泽。

危地马拉

　　危地马拉的咖啡具有极其多样的地方风味——从香甜的可可味和太妃糖味到酸度清爽的药草味、柑橘水果味和花香味，应有尽有。

　　危地马拉的局部地区气候（从山区到平原）各有不同，加上降水的差异与肥沃的土壤，当地生产的咖啡风味极其多样。

　　危地马拉几乎所有的行政区都种有咖啡。危地马拉国家咖啡协会划定了八个主要的咖啡种植区，生产的咖啡风味各有特色。受到种类本身和当地气候的影响，不同咖啡的香气和风味特征分明。危地马拉

约有27万公顷的土地都种有咖啡，其中生产的大部分咖啡是水洗阿拉比卡品种，比如波本和卡杜拉。西南部低海拔地区也种有少量的罗布斯塔。危地马拉约有10万咖啡生产者，大多数人拥有2~3公顷的小型农场。许多农场会把咖啡果送到冲洗脱壳加工工厂进行处理（参见第20~23页），但越来越多的生产者都建起了自己的加工处理工厂。

山坡上的咖啡种植园
危地马拉的高纬度咖啡种植区都建在植被茂密、白云缭绕的山坡上。

危地马拉咖啡关键信息

全球市场份额占比：大约 **2.5%**

主要品种：
98%阿拉比卡
波本，卡杜拉，卡杜阿伊，铁毕卡，马拉戈吉培，帕切
2%罗布斯塔

加工处理方法：
水洗法，一小部分采用日晒法

采收：
11月—次年4月

当地种植技术
"嫁接女皇"（Injerto reina）是一种嫁接技术，指将阿拉比卡的茎嫁接到罗布斯塔的根上。这可以使阿拉比卡在不丢失其风味的同时提高抗病力。

生产国世界排名：**全球第10大咖啡生产国**

中美洲

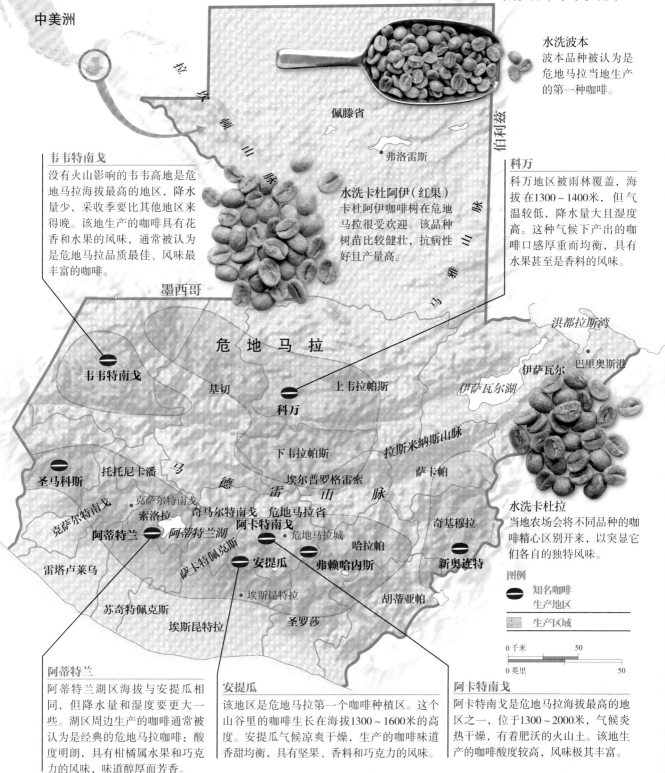

水洗波本
波本品种被认为是
危地马拉当地生产
的第一种咖啡。

佩滕省

弗洛雷斯

伯利兹

韦韦特南戈
没有火山影响的韦韦高地是危
地马拉海拔最高的地区，降水
量少，采收季要比其他地区来
得晚。该地生产的咖啡具有花
香和水果的风味，通常被认为
是危地马拉品质最佳、风味最
丰富的咖啡。

水洗卡杜阿伊（红果）
卡杜阿伊咖啡树在危地
马拉很受欢迎。该品种
树苗比较健壮，抗病性
好且产量高。

科万
科万地区被雨林覆盖，海
拔在1300～1400米，但气
温较低，降水量大且湿度
高。这种气候下产出的咖
啡口感厚重而均衡，具有
水果甚至是香料的风味。

墨西哥

危 地 马 拉

洪都拉斯湾

韦韦特南戈

基切

上韦拉帕斯

伊萨瓦尔

巴里奥斯港

伊萨瓦尔湖

圣马科斯

托托尼卡潘

下韦拉帕斯

埃尔普罗格雷索

拉斯米纳斯山脉

萨卡帕

克萨尔特南戈

奇马尔特南戈

危地马拉省

奇基穆拉

阿蒂特兰

索洛拉

阿蒂特兰湖

阿卡特南戈

危地马拉城

哈拉帕

新奥连特

萨卡特佩克斯

安提瓜

弗赖哈内斯

雷塔卢莱乌

埃斯昆特拉

苏奇特佩克斯

胡蒂亚帕

埃斯昆特拉

圣罗莎

水洗卡杜拉
当地农场会将不同品种的咖
啡精心区别开来，以突显它
们各自的独特风味。

图例

⬛ 知名咖啡
生产地区

▨ 生产区域

0 千米 ────── 50

0 英里 ────── 50

阿蒂特兰
阿蒂特兰湖区海拔与安提瓜相
同，但降水量和湿度要更大一
些。湖区周边生产的咖啡通常被
认为是经典的危地马拉咖啡：酸
度明朗，具有柑橘属水果和巧克
力的风味，味道醇厚而芳香。

安提瓜
该地区是危地马拉第一个咖啡种植区。这个
山谷里的咖啡生长在海拔1300～1600米的高
度。安提瓜气候凉爽干燥，生产的咖啡味道
香甜均衡，具有坚果、香料和巧克力的风味。

阿卡特南戈
阿卡特南戈是危地马拉海拔最高的地
区之一，位于1300～2000米，气候炎
热干燥，有着肥沃的火山土。该地生
产的咖啡酸度较高，风味极其丰富。

萨尔瓦多

　　萨尔瓦多生产的咖啡属于世界上最具风味的咖啡，其口感柔滑香甜，具有水果干、柑橘属水果、巧克力和焦糖的风味。

　　最先到达萨尔瓦多的阿拉比卡品种被这里的农场完好无损地保留了下来，尽管这个国家经历了许多政治和经济上的困难与挑战。现在，当地几乎三分之二的咖啡都是波本品种，而另外三分之一大多是帕卡斯和少许的帕卡玛拉品种（一种萨尔瓦多开发的杂交品种，很受欢迎）。

　　萨尔瓦多约有2万咖啡种植者，95%都拥有自己的小农场。这些农场面积均在20公顷以下，海拔在500～1200米。约半数的农场都位于阿帕内卡-拉马特佩克地区。由于咖啡生长在阴凉处，咖啡种植园在对抗森林砍伐问题与野生物种栖息地破坏问题的过程中起到了重大作用。如果将这些咖啡树移去的话，萨尔瓦多就真的不会有任何天然森林被保留下来了。

　　近些年来，种植者大都专注于提高咖啡的品质以及精品咖啡市场营销。这种做法可以拓宽销路，让种植者更好地承受咖啡商品贸易市场的波动。

图例

🔴 知名咖啡
生产地区

⬜ 生产区域

0千米 ——————— 30

0英里 ——————— 30

阿帕内卡-拉马特佩克
该山脉围绕在圣安娜省、松索纳特省和阿瓦查潘省周边，是萨尔瓦多最大的咖啡种植地区，该国大多数中型和大型农场都在这个地区。

圭哈湖

阿洛普特佩克-梅塔潘

圣安娜

圣安娜

阿帕内卡-拉马特佩克

阿瓦查潘

阿瓦查潘

拉利伯塔德

新圣萨尔瓦多

松索纳特

松索纳特

巴尔萨摩-吉萨特佩克

水洗波本（经二氧化碳除因法加工）
高地出产的新鲜咖啡味道浓厚，经受得起除因处理过程，是制作低因咖啡的最佳选择。

阿洛普特佩克-梅塔潘
该地区位于萨尔瓦多西北部，面积小，多火山，著名的省份有圣安娜和查拉特南戈。该地区农场数量最少，但生产的咖啡被认为是全国最好的咖啡。

巴尔萨摩-吉萨特佩克
在中央种植带的南部，巴尔萨摩山脉和圣萨尔瓦多火山地区约有4千家种植者，生产的咖啡味道醇厚，具有中美洲咖啡经典的平衡口感。

咖啡种植园
种植者通常将咖啡与其他作物间作，这些作物包括红脉蕉（也称"假香蕉"，false banana）、其他果树以及专为木材生产种植的树木。

水洗帕卡玛拉
帕卡斯咖啡和马拉戈吉培咖啡的杂交产物。这种咖啡通常具有药草味，味道可口。

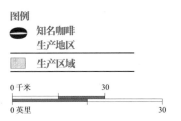

中美洲

查拉特南戈

洪都拉斯

塞龙格兰德水库

卡瓦尼亚斯

库斯卡特兰

森孙特佩克

萨尔瓦多

伊洛潘戈湖

圣萨尔瓦多

圣维森特

钦琼特佩克

拉巴斯

萨卡特科卢卡

乌苏卢坦

乌苏卢坦

钦琼特佩克
拉巴斯省、圣维森特省和库斯卡特兰省的咖啡产量不高，但咖啡豆风味十足，愈发受到人们的欢迎。

卡卡瓦蒂克
卡卡瓦蒂克是萨尔瓦多面积第二小的种植区，90%的农户拥有不到7公顷的土地。该地区生产的咖啡比较清淡，味道香甜，具有微微的花香。

莫拉桑

卡卡瓦蒂克

卡 卡 瓦 蒂 克 山

特卡帕-奇纳梅卡
该地区位于乌苏卢坦省和圣米格尔省（国家东部），不太知名，但生产的咖啡风味丰富，品质优良。

特卡帕-奇纳梅卡

圣米格尔

拉乌尼翁

拉乌尼翁

水洗提克士
这种萨尔瓦多栽培品种是波本品种的变种之一，树苗相对矮小健壮。

太平洋

丰塞卡湾

萨尔瓦多咖啡关键信息

全球市场份额占比：**0.9%**

采收：
10月—次年3月

加工处理方法：
水洗法，一部分采用日晒法

主要品种：
阿拉比卡
波本，帕卡斯，帕卡玛拉，卡杜拉，卡杜阿伊，卡提斯克

生产国世界排名：**全球第15大咖啡生产国**

哥斯达黎加

哥斯达黎加的咖啡味道迷人，适宜饮用。其风味丰富香甜，酸度恰到好处，口感柔和，具有不同程度的柑橘属水果味和花香味。

哥斯达黎加为自己生产的咖啡而自豪。为了保护阿拉比卡的各个品种，哥斯达黎加禁止了罗布斯塔的种植。当地的阿拉比卡品种包括铁毕卡、卡杜拉和薇拉萨奇等。政府还发布了严格的环保规定，来保护当地脆弱的生态环境和未来的咖啡种植区。

哥斯达黎加有超过5万的咖啡种植者，其中90%是小生产者，平均每人拥有小于5公顷的土地。咖啡行业在生产优质咖啡的过程中经历了一场革命。种植地区逐步建起了许多小型脱壳加工工厂，使个体农户和人数较少的生产群体能够自己加工咖啡豆，控制豆子的品质，增加豆子价值，并且可以和全球的咖啡购买商直接交易。

这种发展让接下来几代的年轻种植者在市场不稳定的情况下也能保住自家的农场。不幸的是，这样的情况在全球并不多见。

尼加拉瓜湖

中美洲

圣埃伦娜半岛

瓜纳卡斯特山脉

帕帕加约湾

利韦里亚

瓜纳卡斯特

尼科亚半岛

黄蜜薇拉洛伯斯

经过蜜处理加工，薇拉洛伯斯咖啡天然的香甜会被更加突显出来。

哥斯达黎加咖啡关键信息

全球市场
份额占比：**1%**

采收：
不同地区各有不同

加工处理方法：
水洗法，蜜处理法，日晒法

主要品种：
阿拉比卡
铁毕卡，卡杜拉，
卡杜阿伊，薇拉萨奇，
波本，瑰夏，
薇拉洛伯斯

当地种植技术
"蜜处理"在哥斯达黎加指半日晒处理（参见第20页），果胶会被不同程度地留在羊皮种壳上。蜜处理包括白蜜、黄蜜、红蜜、黑蜜和金蜜。

生产国世界排名：**全球第14大咖啡生产国**

黄蜜薇拉萨奇
薇拉萨奇具有的水果香和花香使其成为哥斯达黎加最独特的咖啡品种之一。

中部山谷
这是中美洲最早种植咖啡的地区，也是目前人口最多的种植区。大部分咖啡生长在海拔1000～1400米，采收可从11月持续至次年3月。

水洗卡杜阿伊
哥斯达黎加的咖啡大部分经水洗法处理，在烘焙后仍有清新明朗的口感。

高海拔咖啡种植园
由于气候变化，许多当地咖啡种植者都将阿拉比卡种植园建在高海拔地区。

阿雷纳尔湖

阿拉胡埃拉

埃雷迪亚

哥 斯 达 黎 加

蓬塔雷纳斯

蓬塔雷纳斯

尼科亚湾

西部山谷

埃雷迪亚

圣何塞

圣何塞

中部山谷

卡塔戈

特雷斯里奥斯 奥罗西

卡塔戈

图里亚尔瓦

利蒙

利蒙

塔拉苏

西部山谷
中部山脉的山坡是绝佳的咖啡种植地。海拔高达2000米的地区都有咖啡生长。该地区的经济条件超过了许多其他地区，其中75%的农场都被划为了森林保护区。该地区采收可从11月持续至次年4月。

塔拉苏
塔拉苏可能是哥斯达黎加最知名的咖啡产地，其生产的品种主要包括卡杜拉和卡杜阿伊。大部分种植区有树荫遮蔽，海拔在1200～1900米。当地许多小型种植区出产风味丰富多样的咖啡品种。该地区采收可从11月持续至次年3月。

黄蜜卡杜拉
哥斯达黎加盛产卡杜拉，其味道香甜，具有巧克力的风味。

中 央 山 脉 塔 拉 曼 卡 山 脉

巴拿马

蓬塔雷纳斯

布伦卡

戈尔菲托

奥萨半岛

杜尔塞湾

特雷斯里奥斯
该地区位于圣何塞东部，在中部山谷和塔拉苏之间，生产的咖啡风味经典而平衡。种植区在海拔1200～1650米，采收可从8月持续到次年2月。

布伦卡
这个位于国家最南部的种植区在20世纪50年代才开始咖啡种植的旅程。主要的种植区包括科托-布鲁斯（相对凉爽湿润）和佩雷斯–泽勒东（海拔略高，约在1700米）。采收可从9月持续至次年2月。

图例

⬛ 知名咖啡生产地区
▨ 生产区域

0 千米 _____ 50

0 英里 _____ 50

尼加拉瓜

尼加拉瓜品质最好的咖啡风味多种多样：香甜软糖味的、牛奶巧克力风味的，花香和药草味的，口感精致的，酸度较高的，蜜香可口的……不同地区生产的咖啡各具独特的风格。

毋庸置疑，这个面积大、人口少的国家出产的咖啡品质非凡。但由于当地常受飓风侵扰，加上政治经济状况很不稳定，尼加拉瓜生产的咖啡与其名声都受到了负面影响。不过因为咖啡是该国的主要出口产品，种植者还是热衷于尝试各种办法来保住咖啡在精品市场的地位，并且在逐渐完善基础设施的同时继续加强农业作业。

尼加拉瓜约有4万种植者，其中80%的人均拥有不到3公顷的土地，海拔在800~1900米。当地生产的咖啡大多是阿拉比卡，包括波本和帕卡玛拉品种。由于种植者缺乏购买化肥的资金，这些咖啡通常是天然有机的。种植者会将采收的咖啡送到大型脱壳加工工厂进行处理，所以咖啡的原产地很难被追踪到。不过，当地的一些小农场已经开始直接与精品市场购买商进行交易了。

逐渐增加的产量
农户修剪树苗和使用肥料的技术正在逐渐提升，咖啡的产量也因此慢慢增加。

尼加拉瓜咖啡关键信息

全球市场份额占比： 1.2%	**采收：** 10月—次年3月
主要品种： 阿拉比卡 卡杜拉，波本，帕卡玛拉，马拉戈吉培，马拉卡杜拉，卡杜阿伊，卡蒂姆	**加工处理方法：** 水洗法，一部分采用日晒法和蜜处理法

生产国世界排名：全球第13大咖啡生产国

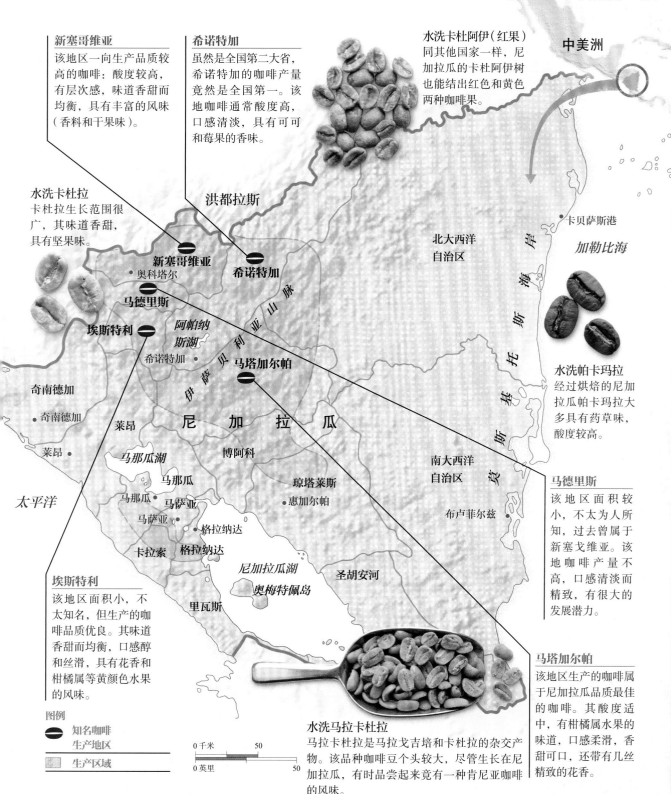

新塞哥维亚
该地区一向生产品质较高的咖啡：酸度较高，有层次感，味道香甜而均衡，具有丰富的风味（香料和干果味）。

希诺特加
虽然是全国第二大省，希诺特加的咖啡产量竟然是全国第一。该地咖啡通常酸度高，口感清淡，具有可可和莓果的香味。

水洗卡杜阿伊（红果）
同其他国家一样，尼加拉瓜的卡杜阿伊树也能结出红色和黄色两种咖啡果。

中美洲

水洗卡杜拉
卡杜拉生长范围很广，其味道香甜，具有坚果味。

洪都拉斯

卡贝萨斯港

北大西洋自治区

加勒比海

新塞哥维亚
奥科塔尔
马德里斯
埃斯特利
阿帕纳斯湖
希诺特加
马塔加尔帕

水洗帕卡玛拉
经过烘焙的尼加拉瓜帕卡玛拉大多具有药草味，酸度较高。

奇南德加
奇南德加
莱昂
莱昂
尼加拉瓜
博阿科
马那瓜湖
马那瓜
马那瓜
马萨亚
马萨亚
格拉纳达
格拉纳达
卡拉索
尼加拉瓜湖
奥梅特佩岛
里瓦斯
圣胡安河
琼塔莱斯
惠加尔帕
南大西洋自治区
布卢菲尔兹

太平洋

马德里斯
该地区面积较小，不太为人所知，过去曾属于新塞戈维亚。该地咖啡产量不高，口感清淡而精致，有很大的发展潜力。

埃斯特利
该地区面积小，不太知名，但生产的咖啡品质优良。其味道香甜而均衡，口感醇和丝滑，具有花香和柑橘属等黄颜色水果的风味。

马塔加尔帕
该地区生产的咖啡属于尼加拉瓜品质最佳的咖啡。其酸度适中，有柑橘属水果的味道，口感柔滑，香甜可口，还带有几丝精致的花香。

图例
知名咖啡生产地区
生产区域

0 千米　50
0 英里　50

水洗马拉卡杜拉
马拉卡杜拉是马拉戈吉培和卡杜拉的杂交产物。该品种咖啡豆个头较大，尽管生长在尼加拉瓜，有时品尝起来竟有一种肯尼亚咖啡的风味。

洪都拉斯

区别最明显的几种中美洲咖啡风味都能在洪都拉斯找到。有些咖啡口感柔和，酸度较低，具有坚果味和太妃糖味，而有些则酸度较高，具有肯尼亚咖啡的风味。

洪都拉斯生产的咖啡味道澄净而丰富。不过当地基础设施仍然比较落后，缺乏干燥加工设备。

全国超过一半以上的咖啡仅由三个省份生产。小农户主要种植阿拉比卡的各个品种，包括帕卡斯和铁毕卡。当地咖啡通常都是天然有机的，大多数都生长在有树荫遮蔽的地方。为了提升当地精品咖啡的质量，国家咖啡协会正在逐步增加对培训教育部门的投入。

阿加尔塔的咖啡种植园
洪都拉斯最早种植咖啡树的地方是奥兰乔省，但如今全国各省份几乎都种有咖啡。

中美洲

水洗帕卡斯
洪都拉斯的帕卡斯咖啡大多味道均衡，具有丰富的水果香。

乌蒂拉岛　加勒比海
洪都拉斯湾
拉塞瓦
科隆
科尔特斯　阿特兰蒂达
圣佩德罗苏拉
约罗
科潘　科潘　**洪 都 拉 斯**　阿加尔塔
危地马拉
圣巴巴拉
圣罗莎德科潘　科马亚瓜　奥兰乔
科马亚瓜　胡蒂卡尔帕
奥科特佩克　马德雷山脉　弗朗西斯科 - 莫拉桑
因蒂希卡
伦皮拉　格拉西亚斯阿迪奥斯
蒙德西犹斯　中央区　埃尔帕拉伊索
拉巴斯
特古西加尔巴

图例
知名咖啡生产地区
生产区域

0 千米　50
0 英里　50

蒙德西犹斯
该地区覆盖了拉巴斯省、科马亚瓜省、因蒂布卡省和圣巴巴拉省的部分地区。蒙德西犹斯的高纬度咖啡农场让当地人引以为豪，生产的咖啡酸度明朗，层次感分明，具有柑橘属水果的香味。

科潘
科潘省、奥科特佩克省、科尔特斯省、圣巴巴拉省以及伦皮拉省的部分地区都在该种植区范围内。此地区生产的咖啡口感醇和，香甜而浓厚，具有可可的香味。

山谷省
乔卢特卡
乔卢特卡

阿加尔塔
阿加尔塔覆盖了奥兰乔省和约罗省。其生产的一些咖啡富有热带风味，香甜可口，酸度也较高，具有巧克力的味道。

洪都拉斯咖啡关键信息

全球市场份额占比：**3%**	加工处理方法：**水洗法**
采收：**11月—次年4月**	主要品种：**阿拉比卡** 卡杜拉，卡杜阿伊，帕卡斯，铁毕卡
生产国世界排名：**全球第7大咖啡生产国**	

巴拿马

　　巴拿马咖啡味道香甜，口感醇厚而均衡，偶尔还会有花香和柑橘属水果的香味，很受人欢迎。罕见的品种（比如瑰夏）价格会比较高。

水洗卡杜拉
巴拿马全国都种有卡杜拉咖啡，不过这个品种在奇里基更为普遍。

　　巴拿马大多数咖啡都种在西部省份奇里基，那里气候适宜，土壤肥沃。同时，巴鲁火山较高的海拔提高了咖啡的成熟速度。该地区主要种植不同品种的阿拉比卡咖啡，比如卡杜拉和铁毕卡。当地农场多为中小型家庭经营农场，而巴拿马的咖啡加工工厂和基础设施都比较完善。

　　不过这些发展会对农业用地造成威胁，所以当地咖啡种植业的未来并不明朗。

中美洲

"红酒处理法"（多个品种）
当地特有的"红酒处理法"是指待咖啡果过度成熟后再进行采收。

瓦肯
巴拿马许多高海拔农场都在瓦肯区。该地降水规律，土壤肥沃，生产的巴鲁咖啡通常风味丰富，味道香甜。

哥斯达黎加　博卡斯-德尔托罗　雷纳西门图　瓦肯　博克特　奇里基　戴维　奇里基湾　恩戈贝布格勒自治区　中央山脉　科克莱　巴拿马　贝拉瓜斯　圣地亚哥　奇特雷　埃雷拉　阿苏埃罗半岛　洛斯桑托斯　科隆　加通湖　科隆　巴瓦诺湖　巴拿马城　圣米格利托　巴拿马湾　珍珠群岛　瓦尔干迪库纳　马顿干迪库纳　达连湾　圣布拉斯特区　拉帕尔马　安贝拉自治区　达连　安贝拉自治区

水洗瑰夏
巴拿马是最早成功栽培该品种的国家。之后瑰夏才得以在世界各地种植。

雷纳西门图
该地区为巴拿马最北部的咖啡种植区，比较偏远，不太为人所知。该地区与哥斯达黎加交界，其农场海拔可达2000米，生产的咖啡口感澄净、酸度较高，有很大的市场潜力。　科伊瓦岛

博克特
该地区是巴拿马最古老最知名的咖啡种植区。该地气候凉爽多雾，生产全球价值最高的咖啡。一些咖啡有可可风味，一些则有酸度精妙的水果风味。

图例
● 知名咖啡生产地区
生产区域
0千米 50　0英里 50

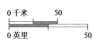

巴拿马咖啡关键信息

全球市场份额占比： 0.08%	**主要品种：阿拉比卡** 卡杜拉，卡杜阿伊，铁毕卡，瑰夏，新世界 **部分罗布斯塔**
加工处理方法：水洗法与日晒法	
生产国世界排名：全球第36大咖啡生产国	**采收：** 12月—次年3月

加勒比海地区
与北美洲

墨西哥

墨西哥咖啡正在逐步进入精品咖啡市场。该国生产的咖啡味道香甜均衡，酸度与余味比较柔和，越来越受到人们的欢迎。

大约70%的墨西哥咖啡产自海拔400~900米的地区。当地在咖啡行业工作的人口超过30万，大部分都是小型农场的生产者，每户拥有不到25公顷的土地。由于产量低、资金支持有限、基础设施落后且技术援助稀缺，咖啡品质很难提升。不过，精品咖啡购买商和具有生产高品质咖啡潜力的生产者正在逐步建立贸易关系。同时，海拔高达1700米的农业合作社与农场也开始出口自己生产的特色咖啡。

墨西哥出产的咖啡大多是水洗阿拉比卡，比如波本和铁毕卡。当地海拔较低的地区约从11月开始采收，而高海拔地区则于次年3月结束采收。

墨西哥咖啡关键信息

全球市场份额占比：**3%**

主要品种：
90%阿拉比卡
波本，铁毕卡，卡杜拉，新世界，马拉戈吉培，卡蒂姆，卡杜阿伊，嘎尼卡
10%罗布斯塔

采收：
11月—次年3月

加工处理方法：
水洗法，一部分采用日晒法

面临的挑战：
产量少，资金及技术支持有限，基础设施落后

生产国世界排名：**全球第8大咖啡生产国**

地图标注：
蒂华纳　墨西加利
下加利福尼亚州
索诺拉洲
埃莫西约
奇瓦瓦
加利福尼亚半岛
加利福尼亚湾
南下加利福尼亚州
锡那罗亚州
库利亚坎
拉巴斯

北美洲

水洗卡杜拉、卡杜阿伊和波本
墨西哥种植者通常将多个咖啡品种间作种植。

咖啡苗圃里的树苗
同大多数国家和地区一样，墨西哥咖啡树苗的生命始于苗圃（参见第16～17页），在树荫的遮蔽下成长。

科阿韦拉州

蒙特雷
新莱昂州

杜兰戈州

塔毛利帕斯州

杜兰戈

萨卡特卡斯州

墨　西　哥

圣路易斯波托西州

阿瓜斯卡连特斯州

纳亚里特州

特皮克

圣路易斯
波托西

瓜纳华托州

瓜达拉哈拉

莱昂

哈利斯科州

克雷塔罗
克雷塔罗
伊达尔戈州

莫雷利亚

墨西哥城　特拉斯卡拉州
托卢卡　普埃布拉
墨西哥州

科利马州

米却肯

库埃纳瓦卡
莫雷洛斯州

普埃布拉

格雷罗州

瓦哈卡

阿卡普尔科

普埃布拉
普埃布拉是墨西哥第四大咖啡种植区。种植区海拔可达1400米，生产的咖啡通常味道柔和精致，具有坚果风味。

韦拉克鲁斯
位于墨西哥湾沿海一带，韦拉克鲁斯的咖啡种植区海拔可高可低，生产的咖啡风味丰富，品质各异。

恰帕斯
恰帕斯的咖啡具有核果和可可风味。该地区位于墨西哥东南角，与危地马拉相邻，交界处的热带丛林是墨西哥最大且最受欢迎的咖啡种植区。

尤卡坦海峡

加勒比海

梅里达
尤卡坦州
尤卡坦半岛

坎佩切

金塔纳
罗奥州

坎佩切州

坎佩切湾

塔瓦斯科州

特万特佩克地峡

恰帕斯

图斯特拉

马德雷山脉

韦拉克鲁斯

南马德雷山脉

太平洋

瓦哈卡

图例

⬤ 知名咖啡
生产地区

生产区域

0 千米　　　200

0 英里　　　200

瓦哈卡
位于墨西哥南海岸，种植区海拔可达1700米，生产的咖啡醇度适中，酸度精致，具有巧克力和杏仁的香味。

水洗卡杜拉、卡杜阿伊和波本
墨西哥的阿拉比卡咖啡酸度较低，经过轻度烘焙后会散发出一种独特的风味。

波多黎各自治邦（美属）

中美洲

波多黎各是世界上最小的咖啡产地之一，不过生产的咖啡味道香甜，口感柔滑醇和，酸度较低，还带有一些杉（木）香、药草香和杏仁的风味。

波多黎各的咖啡产量近年来有所下降，主要是由于政治形势不稳定、气候变化大以及种植成本高。另外，由于缺少采收工人，大约有一半的咖啡果都被留在了种植园里。

从林孔到奥罗科维斯的中西部山区里有许多咖啡农场，海拔大多在750～850米。不过海拔更高的一些地区也有成为种植区的潜力，其中就包括港口蓬塞附近的最高峰，其海拔高达1338米。

波多黎各的咖啡多为阿拉比卡品种，包括波本、铁毕卡、帕卡斯以及卡蒂姆。波多黎各人饮用的咖啡只有三分之一产自当地，其余的来自多米尼加共和国与墨西哥。当地生产的咖啡仅有一小部分被用来出口。

哈尤亚
在人们眼中，哈尤亚是波多黎各的旧都。该地坐落在中部山脉的热带云雾林之中，是波多黎各海拔第二的高城市。

阿德洪塔斯
来自地中海的移民将咖啡带到了这个地方。该地海拔可达1000米，气候凉爽，因此还被称为"波多黎各的瑞士"。

波 多 黎 各 （美 属）

圣胡安
阿雷西沃
巴亚蒙
卡罗利纳
拉斯玛丽亚斯
马亚奎斯
哈尤亚
卡瓜斯
卢基约山脉
阿德洪塔斯
中 央 山 脉
卡耶伊山脉
蓬塞
加勒比海

拉斯玛丽亚斯
拉斯玛丽亚斯被人称作"柑橘水果之城"，其农业生产主要集中在咖啡种植上。当地有许多历史较悠久的大型咖啡种植园，是许多波多黎各咖啡旅行社都会推荐的游览地点。

水洗帕卡斯
帕卡斯品种是从萨尔瓦多引进的，很适于在波多黎各的土壤里生长。

图例
● 知名咖啡生产地区
▓ 生产区域

0 千米　　30
0 英里　　30

波多黎各咖啡关键信息

全球市场份额占比： 小于 **0.01%**	**主要品种：** **阿拉比卡**
采收： 8月—次年3月	波本，铁毕卡，
加工处理方法： **水洗法**	卡杜拉，卡杜阿伊，帕卡斯，利马尼-萨奇摩尔，山花-卡蒂姆（PEDIMENT）

生产国世界排名：
全球第52大咖啡生产国

经过烘焙的水洗卡蒂姆
卡蒂姆是由罗布斯塔与阿拉比卡杂交产出的品种。该品种生命力强，产量较高，在波多黎各也不例外。

夏威夷

夏威夷咖啡口感均衡而澄净，精致而柔和，醇度适中，带有淡淡的水果酸和牛奶巧克力风味。这里生产的咖啡香气四溢，甘甜可口。

夏威夷主要生产阿拉比卡咖啡，比如铁毕卡、卡杜阿伊和卡杜拉。这里的咖啡很受市场欢迎，但也价格不菲。因此夏威夷咖啡是世界上最容易被人伪造的咖啡，产自科纳的咖啡尤为如此。在夏威夷，咖啡中必须含有10%或以上的科纳咖啡豆才能被称为"科纳咖啡"。这条规则颇受争议，在美国大陆也并不怎么适用。

夏威夷咖啡种植成本和人力成本都比较高，许多种植、采收及加工过程都是高度机械化作业完成的。

咖啡间作
越来越多的种植者都在咖啡树周围种植其他树种，来为咖啡提供阴凉。

水洗卡杜阿伊（红果）
夏威夷卡杜阿伊咖啡有时会带有蘑菇和皮革的味道。

北美洲

考艾岛
该岛是夏威夷西北地区最大的岛屿，生产的咖啡约占夏威夷的一半。其种植区海拔可高达1600米，但也有海拔仅为150米的种植区。

卡胡拉威岛
毛伊岛
毛伊岛是夏威夷海拔第二高的岛屿，全年都可进行咖啡采收。60%的咖啡通过日晒法加工处理。基本上所有的咖啡都是经过烘焙以后才会被放到市场上出售。

夏威夷岛
科纳、卡乌、哈玛库亚以及希洛北部的种植区顺着冒纳罗亚火山的山坡延伸开来，肥沃的黑色土壤培育了一批又一批的咖啡树。该岛的咖啡大多都是经水洗法加工处理。

图例
■ 知名咖啡生产地区
▨ 生产区域

夏威夷咖啡关键信息

全球市场份额占比： 小于0.01%

采收： 9月—次年1月

主要品种：阿拉比卡
铁毕卡，卡杜拉，卡杜阿伊，摩卡，蓝山，新世界

加工处理方法：水洗法与日晒法

生产国世界排名：全球第41大咖啡生产国

风味调配

将咖啡与其他风味进行搭配，就可以调制出令人惊叹的饮品。试一试香甜、丰富、清新而刺激的风味，震撼你的味蕾吧！

莓果
树莓、樱桃、草莓和越橘莓。想尝尝丝滑醇香的莓果味咖啡吗？试试草莓蕾丝咖啡吧（参见第180页）。

坚果
开心果、花生、榛子、杏仁、腰果、栗子、胡桃和山核桃。杏仁阿芙佳朵（参见第178页）的表层撒了一层薄薄的碎杏仁。

酒精饮品
大吉岭茶、白兰地、啤酒、干邑白兰地、威士忌、君度、朗姆、杜松子酒和龙舌兰。经典的酒调咖啡爱尔兰咖啡（参见第208页）将威士忌和咖啡完美结合。

CHOCOLATEY · NUTTY · RICH

药草
迷迭香、鼠尾草、桉树叶、龙蒿叶、罗勒、薄荷、胡荽、蛇麻子、甘菊、接骨木花和贝加蜜柑。一缕清新咖啡（参见第195页）就是用薄荷调味的咖啡。

奶制品
牛奶、代乳品（豆奶、杏仁奶及米浆）、奶油、酸奶和黄油。如果想调制不含奶制品的咖啡饮品，可以试试米浆冰拿铁（参见第192页）。

异域水果
芒果、荔枝、菠萝和椰子。如果想喝热咖啡，椰子爱好者可以试试麻薯阿芙佳朵（参见第177页）。

果园水果
苹果、梨和无花果。如果想喝带有苹果和莓果味道的热黑咖啡，可以试试我是你的越橘莓（参见第168页）。

柑橘属水果
柠檬和橙子。柠檬汁可以为冷泡咖啡增添几丝清新，比如加勒比特调（参见第190页）。

SPICY · FRUITY · TEMEL · CARAMEL

核果
杏和油桃。想喝杯清爽的冰咖啡，可以试试杏桃八角咖啡（参见第193页）。

糖浆及其他甜味
蜂蜜、糖蜜、可可粉和焦糖。如果想喝带有天然甜香的冰咖啡，可以试试奶蜜咖啡（参见第199页）。

香料
红番椒、香草、姜、柠檬草、肉桂、甘草、肉豆蔻、藏红花和欧莳萝。试试用肉豆蔻调制的虹吸香料咖啡（参见第172页）。

牙买加

　　牙买加生产的咖啡是最受全球市场欢迎、价格最为不菲的咖啡之一。牙买加咖啡味道甘甜，余味柔和，口感温和香醇，具有坚果的风味。

　　最著名的牙买加咖啡来自蓝山山脉。这些负有盛名的咖啡豆并非存放在黄麻或粗麻袋子里，而是被装在木桶中运输。蓝山咖啡十分昂贵，但也因此经常被人掺杂伪造（无论是部分伪造还是全部伪造）。不过，目前人们正在逐步采取措施来防止这种情况发生。除了蓝山咖啡以外，牙买加还盛产铁毕卡咖啡。

蓝山咖啡种植园
这座牙买加咖啡庄园坐落在蓝山的山坡上，其土壤肥沃且富含矿物质。

中部及西部地区
尽管牙买加其他地区出产的咖啡并不叫作"蓝山咖啡"，但这些咖啡与蓝山咖啡实属同一品种。这些咖啡在当地不同的气候里生长，种植海拔也普遍较低，最高可达1000米左右。种植区位于特里洛尼、曼彻斯特、克拉伦登和圣安娜区的交界处。

图例
- 知名咖啡生产地区
- 生产区域

水洗铁毕卡与卡杜阿伊
铁毕卡在牙买加被广泛种植，而卡杜阿伊则是当地的新品种。

东部地区
蓝山海拔高达2256米，与波特兰区和圣托马斯区相邻。蓝山地区气候凉爽多雾，为咖啡种植提供了良好的条件。

牙买加咖啡关键信息

全球市场份额占比： 少于 **0.01%**	**采收：** 9月—次年3月
主要品种： **阿拉比卡** 大多数均为铁毕卡，蓝山	**加工处理方法：** **水洗法**
生产国世界排名： **全球第44大咖啡生产国**	

多米尼加共和国

多米尼加各种植区有着不同的气候环境。其生产的咖啡也具有较大的风味差异，既可以有充满巧克力和香料味的浓香，也可以有具有花香且酸度明朗的精致品相。

由于多米尼加人多饮用当地生产的咖啡，该国咖啡的出口量并不是很高。加上市场价格低和飓风对种植区的破坏，当地咖啡的品质有所下降。大多数咖啡为阿拉比卡：铁毕卡、卡杜拉和卡杜阿伊。当地正采取一些措施来改善咖啡的种植情况。

采收季
因当地气候不稳定，没有固定的雨季和湿季，所以多米尼加的咖啡采收季可以持续全年。

水洗铁毕卡与卡杜阿伊
当地咖啡果成熟速度较慢，因此产出的咖啡豆味道较浓厚。

锡瓦奥
锡瓦奥低海拔地区生产的咖啡味道醇厚香甜，带有坚果风味。高海拔地区可达1500米，生产的咖啡较清淡，带有水果和花香的味道。

内巴
巴奥鲁科省内巴镇的周边地区种有许多富有柠檬酸味、口感清淡的咖啡。该地区的采收可从11月持续至次年2月。

巴拉奥纳
该省是最著名的咖啡出产省，其咖啡低酸而醇厚，具有巧克力风味。种植地海拔在600~1300米。

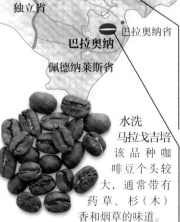

水洗马拉戈吉培
该品种咖啡豆个头较大，通常带有药草、杉（木）香和烟草的味道。

图例
● 知名咖啡生产地区
▨ 生产区域

0千米 50 / 0英里 50

多米尼加咖啡关键信息

全球市场份额占比 0.3%

采收： 9月—次年5月

主要品种：阿拉比卡 大多数均为铁毕卡，有部分卡杜拉，卡杜阿伊，波本，马拉戈吉培

加工处理方法：水洗法，一部分采用日晒法

生产国世界排名：全球第26大咖啡生产国

古巴

古巴咖啡的名声可以说是毁誉参半，其价格也十分昂贵。大部分咖啡口感醇厚，酸度较低，味道香甜而均衡，具有些许泥土般的烟草味。

咖啡在18世纪中期被引入古巴。古巴曾一度成为全球最大的咖啡出口国，但是在经历了政治动荡和经济制约之后，南美洲的许多国家超过了古巴。古巴种植的咖啡主要是阿拉比卡：薇拉洛伯斯和Isla 6-14。古巴人的咖啡饮用量要大于当地咖啡的产量，所以目前古巴咖啡的出口量较低。古巴岛上只有一小部分地区拥有适合种植精品咖啡的海拔，不过当地富含矿物质的土壤和适宜的气候为咖啡种植提供了发展条件。

古巴山脉
古巴山势较为陡峭，但为咖啡种植提供了凉爽的环境和适当的光照。

水洗薇拉洛伯斯
受当地气候的影响，产的咖啡具有比较粗糙涩口的味道，但该品种咖啡的甘甜能够中和这些不佳的口感。

加勒比海地区

哈瓦那
西部地区
比那尔德里奥   阿特米萨   哈瓦那
比那尔德里奥   马亚贝克   马坦萨斯
马坦萨斯   比亚克拉拉
圣克拉拉
西恩富戈斯
西恩富戈斯   谢戈德阿维拉
青年岛特区   圣斯皮里图斯   **古   巴**
青年岛   **中部地区**
卡马圭
卡马圭
拉斯图纳斯   奥尔金
奥尔金
瓜卡纳亚沃湾   巴亚莫   关塔那摩
格拉玛   圣地亚哥   关塔那摩
马埃斯特腊山脉   圣地亚哥   关塔那摩湾
东部地区   （美属）

西部地区
瓜尼瓜尼科山脉的奥加诺斯山区和罗萨里奥山区有许多古巴最西部的咖啡种植地。该地区同时也属于当地受到保护的生物圈之一。生产的咖啡酸度柔和，味道鲜明而浓厚，时而带有香料的风味。

中部地区
埃斯坎布拉伊山和瓜姆阿亚山绵延80公里，坐落在古巴中部的南海岸。咖啡种植区海拔不超过1000米，生产的咖啡酸度极低，口感浓厚，还带有几丝杉（木）香。

东部地区
马埃斯特腊山和克里斯塔尔山坐落在古巴东部的南海岸。该地是古巴海拔最高的区域，当地的图尔基诺峰海拔可高达1974米，为品种丰富的精品咖啡提供了最佳气候环境。

水洗波本
按照古巴当地传统，咖啡通常需要进行深度烘焙，达到较深的成色。

古巴咖啡关键信息

全球市场 **份额占比：** 少于 **0.1%**	**主要品种：** **阿拉比卡** 薇拉洛伯斯， ISLA 6-14 有一部分罗布斯塔	**采收：** **7月—** **次年2月**
加工处理方法： **水洗法**		

生产国世界排名：
全球第40大咖啡生产国

图例

⬤ 知名咖啡
生产地区

▦ 生产区域

0 千米   150
0 英里   150

海地

　　海地咖啡大多数都是经过日晒法加工处理的，具有坚果和水果的香味。水洗法处理的咖啡也越来越常见，其味道甘甜，带有柑橘属水果的香味。

　　海地的咖啡种植始于1725年。这个国家的咖啡产量曾一度占到全球产量的一半。由于受到政治动荡及自然灾害的阻碍，海地目前仅有极少的咖啡种植区和技术纯熟的生产者。同时，当地咖啡消耗量极大，咖啡种植也面临着更大的挑战。不过，高达2000米的海拔和茂密成荫的森林为咖啡种植业提供了很重要的自然条件，当地咖啡生产的潜力也因此提高。海地主要种植阿拉比卡咖啡，其中包括铁毕卡、波本和卡杜拉品种。

加勒比海地区

阿蒂博尼特省与中部省
尽管产量不如北部省，贝拉德勒、萨瓦内特以及阿蒂博尼特小河区都有很大的咖啡种植潜力。

托尔蒂岛
和平港
西北省
海地角
北部省
伊斯帕尼奥拉岛
东北省
戈纳伊夫
阿蒂博尼特省
安什
海地
中部省
戈纳夫岛
大盐湖
太子港
西部省
多米尼加共和国

水洗波本
经过轻度烘焙以后，波本咖啡豆味道十分甘甜，略有几丝核果的风味。

热雷米
大湾省
奥
特
南部省
山
尼普斯省
东南省
莱凯
瓦什岛
雅克梅勒

大湾省
该省位于海地最东部地区，养育了该国大部分的咖啡种植户。海地共有17万5千户种植者，而大多数小型农场的平均面积约为7公顷。

南部省与东南省
海地南海岸（尤其是与多米尼加共和国的交界处）养育了许多小型咖啡农场，拥有生产高品质咖啡的适宜条件。

水洗薇拉洛伯斯
海地咖啡大多经日晒法加工，但薇拉洛伯斯及其他品种在经过水洗法加工后会呈现一种特有的风味。

图例
● 知名咖啡生产地区
▨ 生产区域

0 千米 ———— 50
0 英里 ———— 50

海地咖啡关键信息

全球市场份额占比 0.2%

加工处理方法：
日晒法，一部分采用水洗法

采收：
8月—次年3月

主要品种：
阿拉比卡
铁毕卡，波本，卡杜拉，卡蒂姆，薇拉洛伯斯

生产国世界排名：
全球第30大咖啡生产国

器具

意式浓缩咖啡机

意式浓缩咖啡机利用泵压让热水浸透咖啡，从而萃取出所需的溶液。如果正确使用，我们可以用它制造出少量浓稠的液体——一份平衡了甜度和酸度的浓郁意式浓缩咖啡。意式浓缩咖啡机的使用方法参见第42~47页。

预热时间
标准的机器需要预热20~30分钟的到适宜的温度，在制作咖啡之前一定要牢记这一点。

所需材料

• 细研磨咖啡（参见第39页）

填压器
用填压器夯实咖啡粉，挤出间隙中的空气，形成一层紧实、均匀的粉饼。这层粉饼需要能承受住咖啡机萃取时产生的巨大压力，并让热水尽可能均匀地渗透咖啡粉进行萃取。可以使用橡胶的压粉器垫来防止桌子被粉碗压出凹痕。

滤碗
咖啡粉会被分置到一个个可替换的滤碗中，然后用夹子固定到咖啡机上。滤碗有不同的尺寸，取决于你在制作意式浓缩咖啡时希望使用的咖啡粉量。滤碗底部滤孔的数量、形状、大小也会影响制作出的咖啡的风味。

冲煮手柄
冲煮手柄上嵌有滤网。手柄上通常有一个把手和一到两个咖啡出孔。

压力显示表

许多家用意式浓缩咖啡机都宣称有更高的大气压，但其实这是不必要的。专业的意式浓缩咖啡机一般都使用9个大气压下进行萃取，并使用1~1.5个大气压产生蒸汽。有的机器还有预注水功能，即在泵压到达相应压力之前的开始阶段，先稍稍润湿咖啡。

水温

将水温调整到90~95℃，这是萃取出咖啡最佳风味的温度。有的咖啡豆需要更高的水温，有的则适合较低水温。

冲煮头

冲煮手柄固定在冲煮头上，水从冲煮头流出，透过金属滤网渗透到咖啡粉饼中，均匀地润湿并萃取出咖啡。

锅炉

意式浓缩咖啡机一般有一到两个锅炉，用来盛装并加热用于制作咖啡的水，或是制造打奶泡所用的蒸汽。浓缩咖啡机通常还会有一个为各种额外用途设计的独立的热水管。

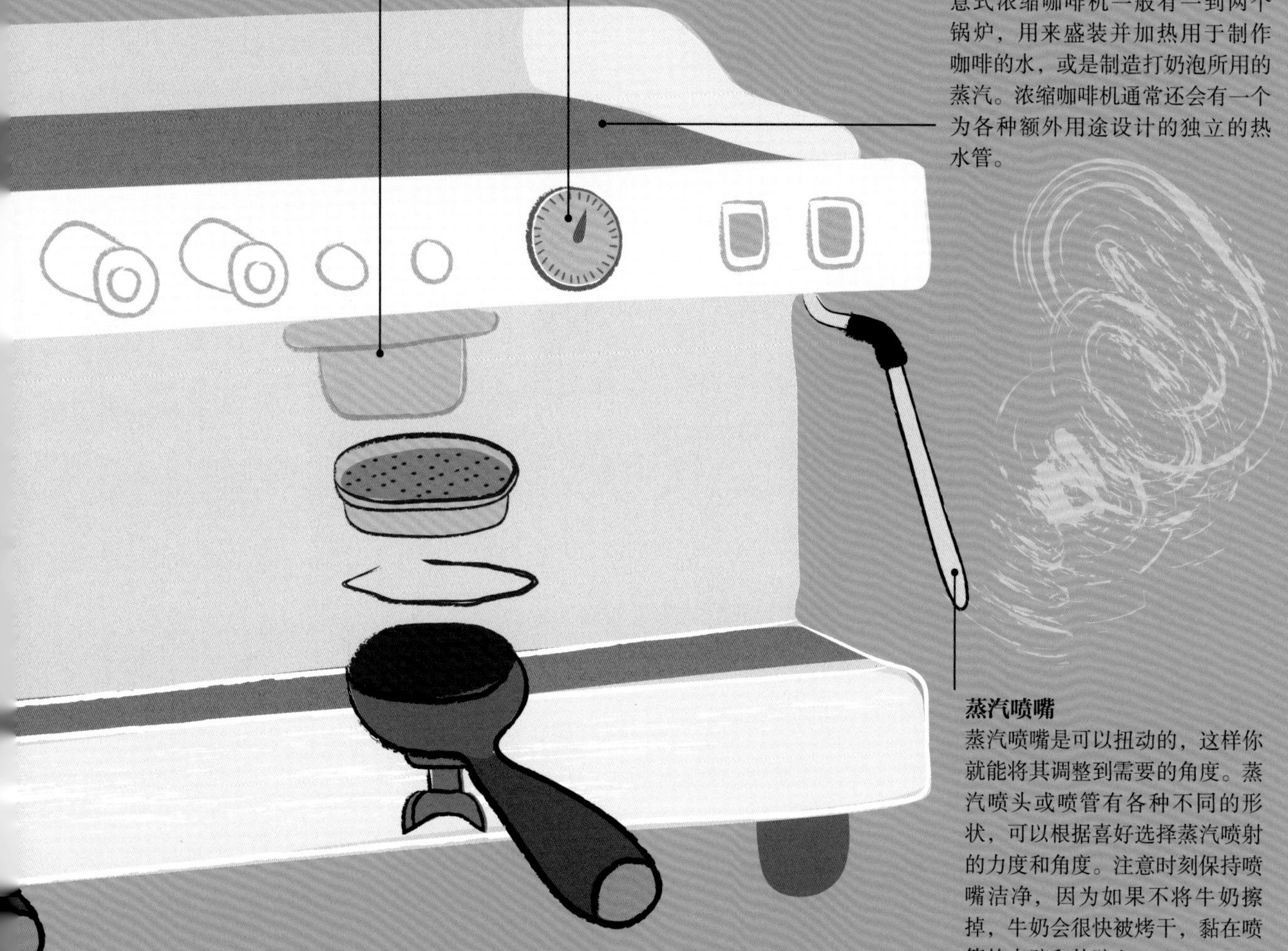

蒸汽喷嘴

蒸汽喷嘴是可以扭动的，这样你就能将其调整到需要的角度。蒸汽喷头或喷管有各种不同的形状，可以根据喜好选择蒸汽喷射的力度和角度。注意时刻保持喷嘴洁净，因为如果不将牛奶擦掉，牛奶会很快被烤干，黏在喷管的内壁和外壁上。

法压壶

　　法压壶也叫滤压壶（cafetière）是一种能煮出高品质咖啡的器材。它使用起来非常简单快捷——只需要加入水和咖啡，并用压杆使其渗过过滤孔，滤掉油脂和细颗粒。使用法压壶制作咖啡可以让咖啡有非常好的口感。

所需材料

- 中–粗研磨咖啡（参见第39页）
- 电子秤：用于称取正确比例的咖啡与水

制作步骤

❶ 用热水预热法压壶并倒掉使用过的热水。将法压壶放在电子秤上称重。

❷ 往法压壶中加入咖啡，再次称重。对新手来说合适的比例是30克咖啡比500毫升水。

❸ 加入热水，注意使用合适的水量和温度，最好是90~94℃。

❹ 搅拌咖啡一至两次。

❺ 让咖啡焖蒸4分钟，并且再次小心地搅拌咖啡表面。

❻ 用勺子撇去浮在表面的泡沫和颗粒物。

❼ 在法压壶顶部盖上滤网盖，轻轻向下压，直到咖啡粉均被压到底部。如果遇到太大阻力，可能是因为使用了太多咖啡粉或是研磨过细，也可能是咖啡粉没有得到充分的焖蒸。

❽ 静置几分钟即可享用。

清洗

- 一般可使用洗碗机：取决于器材的型号
- 拆开清洗：防止残留的咖啡粉或油脂影响咖啡的苦味和酸味

压杆
压杆将滤网向下压，让咖啡粉分离出来，粉渣压至法压壶底部。

制作时长
焖蒸4分钟，在倒出咖啡之前让压好的咖啡再静置2分钟，等待咖啡粉沉淀。

漏网
冲泡结束后将每个部件拆开清洗（见左侧"清洗"部分）

搅拌两次
在充分浸透前搅拌一次，焖蒸后再搅拌一次。

手冲滴滤壶

　　用咖啡滤纸冲泡是一种直接在马克杯或其他咖啡容器中制作咖啡的方法。由于咖啡残渣很容易和滤纸一起丢弃，这种方法也非常干净和简单。

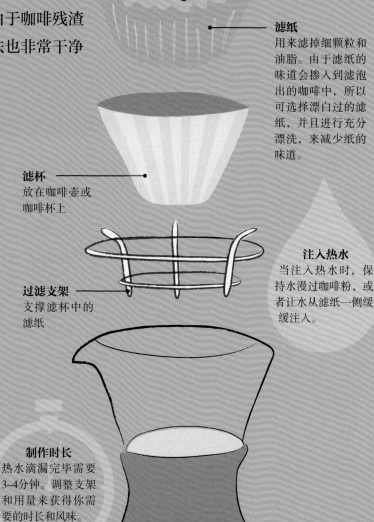

滤纸
用来滤掉细颗粒和油脂。由于滤纸的味道会掺入到滤泡出的咖啡中，所以可选择漂白过的滤纸，并且进行充分漂洗，来减少纸的味道。

滤杯
放在咖啡壶或咖啡杯上

过滤支架
支撑滤杯中的滤纸

注入热水
当注入热水时，保持水漫过咖啡粉，或者让水从滤纸一侧缓缓注入。

制作时长
热水滴漏完毕需要3~4分钟。调整支架和用量来获得你需要的时长和风味。

拉花缸
倒入咖啡壶中或者直接倒进杯子里

所需材料

- 中研磨咖啡（参见第39页）
- 电子秤：用于称取正确比例的咖啡与水

制作步骤

❶ 充分漂洗滤纸。用温水预热滤杯和拉花缸或马克杯。倒掉使用过的水。

❷ 将拉花缸或马克杯放在电子秤上，放上过滤装置后一起进行称重。

❸ 将咖啡加入拉花缸或马克杯后再次进行称重，对于新手合适的比例是60克咖啡比1升水。

❹ 用少量约90~94℃的水充分浸润咖啡粉，完成后静置30秒进行焖煮，至所有咖啡粉都吸水膨胀后停止。

❺ 注入热水，保持缓慢、连续的水流或者分次注入，直至倒完所需分量的热水。当所有水都滴漏完毕时即可享用。

清洗

- 使用洗碗机：大部分滤杯都可以放到洗碗机中清洗
- 使用海绵：用柔软的海绵和加入少量洗涤剂的水来冲洗掉所有油脂和残渣

法兰绒滤泡壶

　　法兰绒滤泡是一种传统的过滤咖啡粉的方法，也被称作"袜式"或"网式"滤泡，因为这种方式不会让咖啡中掺入滤纸的味道。由于油脂可以渗过法兰绒，这会让咖啡获得更加丰盈的口感。

所需材料

- 中研磨咖啡（参见第39页）
- 电子秤：用于称取正确比例的咖啡与水

制作步骤

❶ 充分漂洗法兰绒。在第一次使用前用热水清洗和预热法兰绒。如果之前冷冻过法兰绒（见下文），这一过程还会起到解冻的作用。

❷ 将过滤装置放在咖啡容器上方，倒入热水进行预热，并倒掉使用过的水。

❸ 将整个装置放在电子秤上称重。

❹ 加入咖啡，遵循基础的配比，即15克咖啡比250毫升的水。

❺ 用少量90~94℃的水润湿咖啡粉，完成后静置30~45秒进行焖煮，至所有咖啡粉都吸水膨胀后停止。

❻ 继续向咖啡注入热水，保持缓慢、连续的水流或者分次注入。当所有水都滴漏完毕时即可享用。

清洗

- 可以重复使用：倒掉咖啡残渣，用热水冲洗过滤装置，不要使用洗涤剂
- 保持湿润：当十分潮湿的时候，将过滤法兰绒冰冻起来，或者装在密封容器中保存在冰箱里

注入热水
向咖啡粉注水时，注意不要漫出过滤法兰绒。应当缓慢地注入，让水面不要超过法兰绒3/4的位置。

法兰绒

法兰绒的作用
当水注入到咖啡粉时，法兰绒可滤掉细咖啡粉。

制作时长
注入水3~4分钟之后打磨到咖啡呈现出好的风味。

咖啡壶

爱乐压

　　爱乐压是一种快捷、干净的滤泡器材，可以制作出滴滤式的淡咖啡，也可以制作出能用热水稀释的风味更为强烈、浓醇的咖啡。用爱乐压制作咖啡，能够很方便地根据咖啡的研磨程度和剂量调整压力，给你充分的自由发挥空间。

所需材料

- 中–粗研磨咖啡（参见第39页）
- 电子秤：用于称取正确比例的咖啡与水

制作步骤

❶ 将压筒向下推到壶身2厘米的位置。

❷ 将爱乐压倒转过来，压筒在下，壶身在上，放在电子秤上称重。保证整个装置完全密封且不会倾倒。

❸ 向壶身中加入12克的咖啡粉，并再次称重。

❹ 加入200毫升热水，小心地进行搅拌，避免将爱乐压打翻。静置30~60秒后再次进行搅拌。

❺ 将滤纸放在过滤器中并进行充分漂洗，然后将过滤器固定在壶身上。

❻ 快速而小心地把爱乐压倒过来，轻放在一个较稳的杯子或者咖啡容器上。

❼ 将压筒向下压，将咖啡液滤出到杯中，即可享用。

清洗

- 分开清洗：将过滤器扭下，把压筒推到底，挤压出壶身中的咖啡残渣并且直接丢弃
- 冲洗：用含有洗涤剂的水进行冲洗，或者放入洗碗机中清洗

其他制作方法

除了像第6步中将爱乐压倒转过来扣在杯子上，还可以将空的、垫好滤纸的爱乐压壶身直接放在咖啡容器上，加入咖啡和热水。然后迅速将压筒放在壶身上面，防止咖啡直接滴滤至杯中。

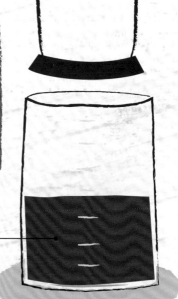

压筒
压筒放置在壶身中，用来将咖啡压滤渗透过滤器。

壶身
用压筒压滤壶身中的咖啡和热水，使其渗透过滤器。

过滤器
将滤纸放在过滤器上，并将过滤器紧紧地旋在壶身上。

虹吸壶

使用虹吸壶制作咖啡是最能带来有趣视觉观感的方法之一。这种方法在日本十分风靡。

用虹吸壶做咖啡比较费时，但这也是它吸引人的地方——能带来一种仪式感。

所需材料

- 中研磨咖啡（参见第39页）

制作步骤

❶ 向虹吸壶的下壶中倒入接近沸腾的水，水量根据需要确定。

❷ 将滤芯装入上壶，用手拉住链条穿过玻璃管，使其尾端的小钩子扣住管口，让链条能够碰到下壶的壶壁。

❸ 轻轻将玻璃管浸泡在下壶的水里，让上壶稍稍有一个倾斜的弧度，但不要让它塞紧下壶。

❹ 点火，当水烧开的时候把上壶塞进下壶中，注意不要塞得过紧，只要保持密封即可。水会逐渐进入到上壶中，但还会有一些水留在玻璃管下方的下壶中。

❺ 当上壶被填满时，加入咖啡（合适的比例是15克咖啡粉比150毫升水）然后搅拌数秒。

❻ 等待大约1分钟。

❼ 再次搅拌咖啡，然后移走火焰，开始滴漏过程。

❽ 等到咖啡液全部滴入下壶时，轻轻移开上壶，即可享用。

清洗

- 滤纸：直接丢弃，并用加入洗涤剂的水冲洗滤纸托
- 滤布：使用第130页所述的方法

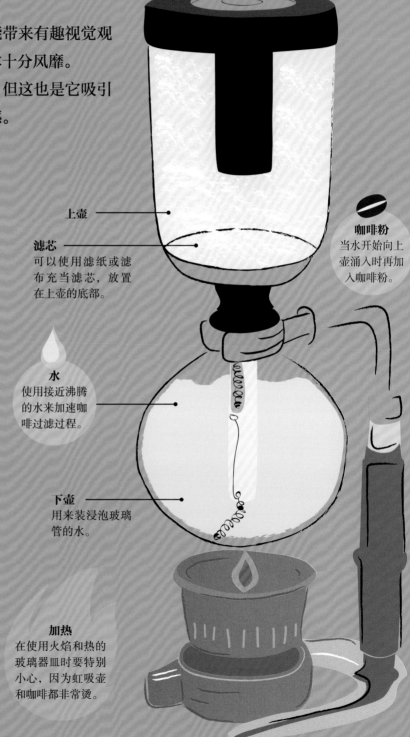

上壶

滤芯
可以使用滤纸或滤布充当滤芯，放置在上壶的底部。

咖啡粉
当水开始向上壶涌入时再加入咖啡粉。

水
使用接近沸腾的水来加速咖啡过滤过程。

下壶
用来装浸泡玻璃管的水。

加热
在使用火焰和热的玻璃器皿时要特别小心，因为虹吸壶和咖啡都非常烫。

摩卡壶

　　摩卡壶又被称作"意式滴漏壶"，能利用蒸汽的气压制作出风味强烈的咖啡。摩卡壶制作出的咖啡有着丝滑的口感。和通常的认知不同，摩卡壶并非用来制作浓缩咖啡，但它所使用的高温也能够让咖啡产生浓郁的风味。

所需材料

- 中研磨咖啡（参见第39页）

制作步骤

❶ 在摩卡壶下座中倒入热水，直至水面达到气阀下端。

❷ 在粉槽中松松地填入咖啡粉，合适的比例为25克咖啡粉比500毫升水，并将咖啡粉刮平。

❸ 将粉槽放在下座上，并将上座固定好。

❹ 将整个摩卡壶放置在中火上，保持盖子打开。

❺ 观察整个滤泡过程：水沸腾后，咖啡应该会慢慢出现。

❻ 当咖啡颜色变浅并开始冒泡时，将摩卡壶从火上移开。

❼ 等到气泡消下去即可享用。

清洗

- 冷却后再清洗：让摩卡壶静置30分钟再拆开，或者将摩卡壶放在冷水中冲洗以快速冷却

- 使用蘸了热水的海绵：不要用洗涤剂清洗摩卡壶的部件。只需使用软性的海绵或刷子及热水即可

打开盖子
在冲煮过程中打开盖子，方便观察整个过程。

加热咖啡
制作咖啡时摩卡壶会变得非常烫，所以务必带上隔热手套来保护你的双手，防止烫伤。

上座

咖啡粉
不需要把咖啡粉压实，只要铲平即可。

滤片

粉槽

热水
为了避免咖啡中混入焦煳味，使用接近沸腾的热水。这样可以控制液体的温度，防止整个壶身温度过高。

下座

冰滴壶

冰滴咖啡是指用冷水滤泡出的低酸度咖啡，可以冷饮也可以热饮。用冷水很难萃取出咖啡，所以冰滴咖啡的制作需要更多时间和一台冰滴咖啡壶。如果你没有冰滴壶，也可以将咖啡粉和水加入到法压壶中，放在冰箱中一个晚上，然后进行压滤。

所需材料

- 中研磨咖啡（参见第39页）

制作步骤

❶ 关闭顶部的水滴调整阀，并将上壶注满冷水。

❷ 充分冲洗中壶的滤芯，加入咖啡。合适的用量是60克咖啡比500毫升水。

❸ 轻轻摇晃咖啡粉使其分布均匀，并盖上另一层冲洗过的滤芯。

❹ 打开水滴调整阀，让少量水流入咖啡中，稍稍润湿咖啡，开始萃取过程。

❺ 调整阀门到大约2秒滴下一滴水，也就是每分钟滴下30~40滴。

❻ 当所有水都滴完，一杯纯咖啡就制作完成了，加入冷水、热水或冰块即可享用。

清洗

- 手洗：遵守器材制造商的说明。如果不确定如何清洗，则用热水和柔软的布轻轻擦洗，不要使用洗涤剂。将滤布在水下冲洗，并在下次使用前保存在冰箱或冰柜中

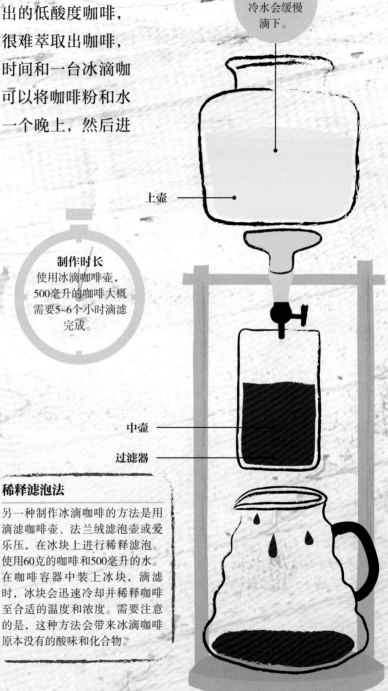

冷水
滤泡过程中，冷水会缓慢滴下。

上壶

制作时长
使用冰滴咖啡壶，500毫升的咖啡大概需要5~6个小时滴滤完成。

中壶

过滤器

稀释滤泡法

另一种制作冰滴咖啡的方法是用滴滤咖啡壶、法兰绒滤泡壶或爱乐压，在冰块上进行稀释滤泡。使用60克的咖啡和500毫升的水。在咖啡容器中装上冰块，滴滤时，冰块会迅速冷却并稀释咖啡至合适的温度和浓度。需要注意的是，这种方法会带来冰滴咖啡原本没有的酸味和化合物。

美式咖啡壶

　　使用这种平凡的咖啡机看起来并不是令人兴奋的滤泡方式，但是如果你使用高品质的咖啡豆和新鲜的水，一样可以制作出美味的咖啡。由于咖啡残渣很容易清除，因此美式咖啡壶清洗起来相当容易。

制作时长

滤泡过程需要4~5分钟，如果制作咖啡过多，可将剩余的咖啡倒入预热过的咖啡壶中保存。

所需材料

- 中研磨咖啡（参见第39页）
- 预热后的咖啡壶：用来装剩余的咖啡

制作步骤

❶ 在电动滴滤壶的水箱中注满新鲜的冷水。
❷ 充分冲洗滤纸，并将其放置在滤纸托上。
❸ 加入咖啡：1升的水需要大约60克的咖啡粉，轻轻摇晃粉碗使咖啡粉均匀分布。
❹ 将过滤装置放回到机器上，按下开始按钮。待完成咖啡滤泡即可享用。

清洗

- 使用过滤后的水：过滤后的水能够减少水垢沉积，让加热部件和水线保持干净
- 除锈：使用除锈剂是预防水垢堆积的好办法

过滤器

咖啡壶

新鲜的水
用过滤或瓶装水可防止水垢，并使咖啡味道新鲜。

滴滴壶

滴滴壶非常易于使用。越南式滴滴壶利用重力压紧咖啡粉来进行萃取，而中国式的滴滴壶中滤片可以拧动，更方便调节萃取程度。各种类型的滴滴壶使用起来都很方便，能够让你按照自己的喜好调节咖啡的研磨程度和用量。

所需材料

* 细研磨咖啡（参见第39页）

制作步骤

❶ 预热滴滴壶。将托盘和壶身放在一个马克杯上。向壶身注入热水，让水从上至下流入马克杯中。倒掉用过的热水。

❷ 将咖啡粉铺在壶身底部，合适的比例是每100毫升水使用一满勺（约7克）咖啡粉。然后轻轻摇晃壶身，让咖啡粉均匀地铺开。

❸ 将滤网放在顶部，稍稍扭紧滤网，把咖啡粉压平。

❹ 从滤网上方倒入1/3的热水，让咖啡焖蒸1分钟。

❺ 继续从滤网上方将剩下的水倒完。盖上滴滴壶的盖子以起到保温作用，然后等待水缓慢滴下，萃取咖啡。4~5分钟后即可享用。

清洗

* 洗碗机：大部分滴滴壶都可以放入洗碗机内清洗，详情请遵循说明书
* 易于清洗：只要使用热水和洗涤剂就可以去除掉金属壶身和滤网上的咖啡油脂

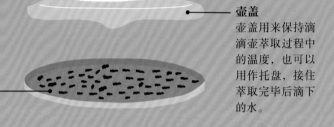

制作时长
热水需要4~5分钟滴完。如果时间过短或过长，则需要调整研磨程度和用量。

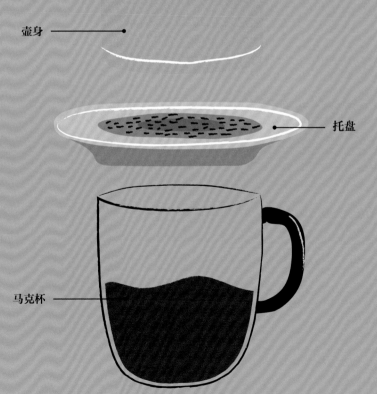

壶盖
壶盖用来保持滴滴壶萃取过程中的温度，也可以用作托盘，接住萃取完毕后滴下的水。

滤网

壶身

托盘

马克杯

土耳其咖啡壶

　　土耳其咖啡壶在东欧和中东地区非常流行，又被称作cezve，briki，rakwa，finjan，或者kanaka。土耳其咖啡壶由一个长手柄和镀锡的铜制壶身组成。用它制作的咖啡有一种特别的、厚重的口感。由于使用超细研磨咖啡粉搭配高温加热的方法和固定的水，创造出的咖啡味道饱满。

反复加热
如果你喜欢只加热一次也可以。但反复加热多次能够让咖啡拥有特殊的厚重口感。

所需材料

- 粉状的超细研磨咖啡（参见第39页）

制作步骤

❶ 将冷水倒入土耳其咖啡壶中，在中火上烧开。

❷ 将咖啡壶从火上移开。

❸ 将咖啡粉加入土耳其咖啡壶中。每杯咖啡需要1勺咖啡粉，如果需要，也可以加入其他香料。

❹ 进行搅拌，使原料充分溶解、泡开。

❺ 将土耳其咖啡壶重新放到火炉上，一边加热咖啡，一边轻轻搅拌直至产生泡沫。但不要将咖啡烧开。

❻ 将咖啡壶从火上移开并冷却1分钟。

❼ 再次将土耳其咖啡壶放回到火炉上，轻轻搅拌直至咖啡冒泡。同样，不要让咖啡沸腾。再重复进行一次。

❽ 用勺子撇出少量浮沫放到咖啡杯里，然后小心地将咖啡倒进杯中。

❾ 静置数分钟即可享用。小心不要喝到杯底的咖啡渣。

清洗

- 用海绵清洗：用软质的海绵或柔软的刷子蘸上混入洗涤剂的热水来手洗土耳其咖啡壶
- 提示：土耳其咖啡壶上的镀锡花纹会随着时间流逝变黑，这是正常现象，所以没有必要尝试去除黑色

手柄
使用长手柄时要谨慎。当把咖啡倒入杯中时，注意动作要轻缓，不要把泡沫冲散。

壶身
传统方法是在壶身中将咖啡粉和糖或香料混合在一起。详情参见第169页的调制说明。

咖啡容器

咖啡容器的质地、形状、大小和设计都会影响饮用体验。许多人认为不同的咖啡制作配方必须要配上特定的咖啡杯、玻璃杯或马克杯，但一般情况下只需根据喜好挑选杯子即可。

尽管有的杯子是为更美观地呈现饮品而设计的（比如浓缩咖啡杯），但还有很多杯子是用作更实际的用途的。比如美式快餐店通常使用的马克杯就足够厚重，可以长时间保温，它粗糙的杯底也可以让马克杯不会在桌面上滑动而打碎。这些特点让马克杯在二战期间成为完美的军用咖啡杯。

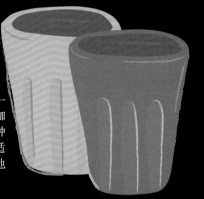

平底无脚小瓷杯
无柄的杯子能呈现出一种现代感。在喝浓缩咖啡时，有的人偏爱这种杯子的厚边带来的舒适感。它也适合盛放其他量少的饮料。

浓缩咖啡玻璃杯
浓缩咖啡诱人的样子——浓黑的咖啡液上漂浮一层金黄的油脂。而金黄的油脂能在这种玻璃杯中完美地呈现出来。这种杯子也能很好地保温，但是需要注意的是，它有时候会很烫，不能直接触摸。

小咖啡杯
这种杯子线条柔和，圆润的内壁能让浓缩咖啡的油脂轻轻铺在表面，并且能保持这层油脂的质感、温度和诱人的外表。

大咖啡杯
如果你想要一大杯咖啡，只需选择一个隔热效果好的陶瓷圆杯来让咖啡保持温热。

陶杯
许多人喜欢陶瓷接触嘴唇的触感。这种材质也有很好的保温效果。

大马克杯
这种复古的美式马克杯握在手里非常厚重舒适。厚厚的杯沿比起薄杯沿更让嘴唇感到柔和。

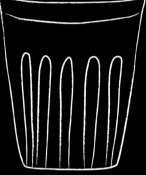

白兰地杯
白兰地杯的形状能让咖啡的芳香更集中，从而唤醒你的感官。这种杯子非常适合享用带有水果香气的肯尼亚虹吸咖啡。

中玻璃杯
这种杯子非常适合冰咖啡或小杯的拿铁。但注意这种玻璃杯可能会非常烫。

双层飞碟杯
使用预冷过的双层飞碟杯来装冰咖啡，能让冰咖啡呈现一抹弯曲的弧度，在杯缘装饰一番更可增加卖相。

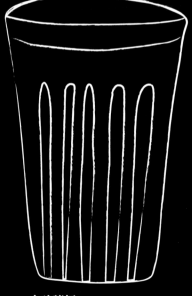

小咖啡碗
世界上很多地方都有在聚会上用小型咖啡碗装咖啡的传统。

大咖啡碗
一般用来装欧蕾咖啡。需要注意的是咖啡在大型咖啡碗中因表面面积较大，会很快冷掉。选择更厚的陶瓷咖啡碗可以让保温时间延长。

大玻璃杯
如果你想在热天里喝一杯冷饮，一个大咖啡杯可以装得下尽可能多的冰块，让你的咖啡保持冰爽。

拿铁玻璃杯
这种高脚玻璃杯和拿铁咖啡同名，可以呈现出各种大杯咖啡的漂亮分层。

咖啡食谱

卡布奇诺

设备：**意式浓缩咖啡机**　乳品：**牛奶**　温度：**热**　分量：**2杯**

　　大部分意大利人只有早上才喝卡布奇诺，但是这款经典的早餐标配咖啡如今也已经成为了适宜全天饮用的饮品，在世界范围内广为流传。对于很多拥护者而言，卡布奇诺咖啡就是咖啡和牛奶之间最完美比例的象征。

准备工作

器具
中咖啡杯2个
意式浓缩咖啡机
牛奶钢杯

原料
细研磨咖啡粉16~20克
牛奶130~150毫升
可可粉或肉桂粉（增加风味，
　可选）

1 将杯子放在咖啡机上或直接用热水冲洗温杯。使用第44~45页的方法，冲煮两杯各25毫升的意式浓缩咖啡。

2 蒸煮牛奶至60~65℃，小心不要煮沸，当钢杯底部烫到无法用手触摸时，表示牛奶已达到最适宜饮用的温度（参见第48~51页）。

小贴士
这里的食谱是两杯量，一杯量也很容易做，使用单人份滤杯及/或单导流嘴即可。如果实在不行就邀请朋友来一起分享美味吧！

曾经只作为意大利早餐饮品的卡布奇诺，
如今已经风靡全世界。

3 将牛奶分别倒入杯中，奶泡高度
约为1厘米，并保持些许咖啡脂
于杯口边缘，让第一口啜饮能尝
到浓烈的咖啡风味。

4 视个人喜好用撒粉器或小型细网筛在表面
撒上一些可可粉或肉桂粉即可。

拿铁咖啡

⊞ 设备: 意式浓缩咖啡机　🍼 乳品: 牛奶　🌡 温度: 热　🏷 分量: 1杯

　　拿铁咖啡是另一款经典的意大利早餐饮品。与其他任何以意式浓缩咖啡为基底的咖啡做法相比，它的口感更温和，奶味较为厚重。如今拿铁咖啡也已经风靡全球，成为了一款适宜全天饮用的咖啡。

牛奶

意式浓缩咖啡

中玻璃杯

1 将杯子放在咖啡机上或是用热水冲洗温杯。使用第44~45的方法，冲煮单份25毫升的意式浓缩咖啡。如果玻璃杯过大无法放置在导滤嘴下，可以先使用较小的容器盛装。

2 将210毫升左右的牛奶（参见第48~51页）蒸煮至60~65℃，或至钢杯底部烫到无法触摸为止。

3 如果之前使用了较小的容器来盛装咖啡，现将其倒入玻璃杯中，随后注入牛奶，将牛奶杯贴近咖啡杯，以轻轻摇晃的方式缓慢注入，最终形成的奶泡高度约为5毫米。如果感兴趣的话，也可以试试第54页的郁金香拉花图案。

上桌啦！
立即饮用，并搭配咖啡匙搅拌。如果想要一层香绵的奶泡在上面，只要把咖啡改用一个较小容器盛装，先将牛奶倒入玻璃杯后，再注入咖啡即可。

建议选用可可或坚果味浓郁的咖啡豆，借此来中和蒸奶的甜味。

白咖啡

设备: **意式浓缩咖啡机** 乳品: **牛奶** 温度: **热** 分量: **1杯**

　　白咖啡源自澳大利亚和新西兰，各地的实际做法略有不同。它的口感与卡布奇诺类似，但是咖啡风味更浓，泡沫较少，而且通常会搭配精致的装饰拉花。

牛奶

意式
浓缩
咖啡

中咖啡杯

1 将杯子放在咖啡机上或直接用热水冲洗温杯。使用第44~45页的方法，冲煮单杯双份/50毫升的意式浓缩咖啡。

2 将130毫升左右的牛奶（参见第48~51页）蒸煮至60~65℃，或至钢杯底部烫到无法触摸为止。

3 将牛奶注入咖啡中，采用第52~55页的方法，牛奶杯贴近咖啡杯，以轻轻摇晃的方式缓慢注入，最终形成的奶泡高度约为5毫米。

上桌啦！
立即饮用。放的越久，牛奶的光泽就会越黯淡。

试试果香味或经日晒处理的咖啡豆，和牛奶混合后，会散发出一种让人想起草莓奶昔的味道。

布雷卫

 设备： 意式浓缩咖啡机 **乳品：** 牛奶 **温度：** 热 **分量：** 2杯

布雷卫是美版的经典拿铁咖啡。与典型的浓缩咖啡基底饮品不同的是，它用单倍奶油（理想的乳脂含量为15%）来取代一半的牛奶。它的口感香甜滑润，可作为甜点的替代品。

准备工作

器具
中玻璃杯或咖啡杯2个
意式浓缩咖啡机
牛奶钢杯

原料
细研磨咖啡粉16~20克
牛奶60毫升
单倍奶油60毫升

1 将杯子放在咖啡机上或直接用热水冲洗温杯。使用第44~45页的方法，冲煮两杯各25毫升的意式浓缩咖啡。

小贴士
蒸煮鲜奶油的过程相当特别。相比单纯地蒸煮鲜奶而言，同时蒸煮牛奶和奶油的混合物所发出的声音要大得多，并且不会产生那么多奶泡。

"布雷卫"一词来自意大利语的"短暂"。
单倍奶油有助于稠密奶泡的生成。

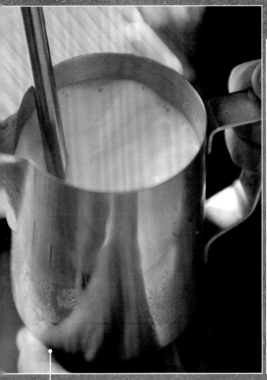

2 将牛奶和鲜奶油混合后，蒸煮至60~65℃，或至钢杯底部烫到无法触摸为止（参见第48~51页）。

3 将蒸煮过的牛奶与奶油混合物注入浓缩咖啡中，让咖啡脂与浓厚的奶泡融为一体。

玛奇朵

 设备: **意式浓缩咖啡机** 乳品: **牛奶** 温度: **热** 分量: **2杯**

　　玛奇朵是另一款意大利经典咖啡，原意为"标记"，用奶泡来"标记"意式浓缩咖啡甜味而得名。有时也被称作玛奇朵咖啡或浓缩咖啡玛奇朵。

准备工作

器具
小咖啡杯2个
意式浓缩咖啡机
牛奶钢杯

原料
细研磨咖啡粉16~20克
牛奶100毫升

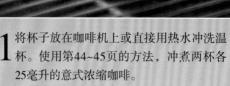

1 将杯子放在咖啡机上或直接用热水冲洗温杯。使用第44~45页的方法，冲煮两杯各25毫升的意式浓缩咖啡。

只需要一丁点奶泡加入些许甜味，就是一杯地道的意大利玛奇朵了。

小贴士
传统的意大利玛奇朵只有浓缩咖啡加奶泡，但是在其他地方，也有将蒸煮过的热牛奶一起加入的做法。

2 将牛奶蒸煮至60~65℃，或至钢杯底部烫到无法触摸为止（参见第48~51页）。

3 小心地分别舀起1~2小匙奶泡至浓缩咖啡的咖啡脂上，即可享用。

摩卡咖啡

设备： 意式浓缩咖啡机　**乳品：** 牛奶　**温度：** 热　**分量：** 2杯

　　咖啡和黑巧克力是经典风味的搭配。在拿铁咖啡或卡布奇诺中加入巧克力块、巧克力薄片、自制或购买的巧克力酱，使其变成一杯馥郁微甜、甜点般的饮品。

准备工作

器具
大玻璃杯2个
牛奶钢杯
意式浓缩咖啡机
小咖啡壶

原料
巧克力酱4大匙（参见第162~163页）
牛奶400毫升
细研磨咖啡粉32~40克

2 将牛奶蒸煮（参见第48~51页）至60~65℃，或至钢杯底部烫到无法触摸为止。打入足够空气使奶泡层厚度达到1厘米。

3 将蒸奶小心地倒入玻璃杯中，与杯底的巧克力酱形成强烈的分层效果。

1 量取适量巧克力酱，倒入玻璃杯。

小贴士
如果没有巧克力酱，可使用几块黑巧克力或几大匙综合热巧克力粉代替，先在上面滴几滴牛奶有利于咖啡混合。

黑巧克力是制作摩卡咖啡最常见的选择。若想品尝更甜的风味，可以试试白巧克力或二者的混合。

4 使用第44~45页的方法，冲煮两杯双份/50毫升的意式浓缩咖啡，倒入小咖啡壶，再分别注入牛奶中。

小贴士
若想巧克力风味更纯粹，可将牛奶与巧克力酱在钢杯中混合再一起蒸煮。此外，在下次使用前，务必彻底清洁蒸汽喷头的内外侧。

5 待意式浓缩咖啡与牛奶混合后，即可饮用。使用长匙轻轻搅拌，可确保咖啡中各种成分的溶解与混合。

欧蕾咖啡

 设备：咖啡壶　　乳品：牛奶　　温度：热　　分量：1杯

　　欧蕾咖啡是经典的法式早餐牛奶咖啡，通常是以无把手的大碗来盛装，容量足够大到容纳法棍面包蘸取，在寒冷的早晨端起碗来喝咖啡，双手也会变得温暖。

准备工作

器具
滴滤或滤压式咖啡壶
小型深平底锅
大碗

原料
浓郁的过滤咖啡 180毫升
牛奶 180毫升

1 以合适的方式准备好咖啡，滴滤壶或滤压壶皆可（参见第128~137页）。

选择咖啡
若想风味正宗，请选择深度烘焙的咖啡豆。法国人的传统是将咖啡豆烘焙至稍微出油，苦中带甜。这种豆子与大量全脂牛奶的搭配最为合适。

小贴士
法式滤压壶（参见第128页）看似是制作欧蕾咖啡的最佳器具，但其实很多法国人在家都是使用摩卡壶（参见第133页），冲煮出的咖啡味道更浓。

在炉上缓缓温煮过的香甜牛奶，与深度烘焙的浓郁过滤咖啡，形成了味觉上的极佳补充。

2 将牛奶倒入小型深平底锅，以中火慢慢加热至60~65℃。

3 将冲煮好的咖啡倒入大碗中，再倒入加热好的牛奶即可饮用。

浓缩康宝蓝

 设备：**意式浓缩咖啡机**　乳品：**鲜奶油**　温度：**热**　分量：**1杯**

　　"康宝蓝"在意大利语中是"带着鲜奶油"的意思。出现在顶端的打发鲜奶油几乎可作为任何饮品的点缀，例如卡布奇诺、拿铁咖啡或摩卡咖啡。奶油的加入不仅能让咖啡卖相更佳，更可给咖啡增添顺滑的口感。

准备工作

器具
小咖啡杯或玻璃杯
意式浓缩咖啡机
搅拌器

原料
细研磨咖啡粉16~20克
单倍奶油（增加甜味）

1 将玻璃杯或咖啡杯放在咖啡机上或直接用热水冲洗温杯。使用第44~45页的方法，冲煮单杯双份/50毫升的意式浓缩咖啡。

在咖啡里添加鲜奶油并非意大利人
的特权。在维也纳，卡布奇诺上面
也会覆盖着一层打发的鲜奶油。

2 将奶油倒进小碗，使用搅拌器搅
打几分钟，直到硬度足以塑形。

3 舀一大匙搅打好的奶油到
制作好的浓缩咖啡上。佐
以汤匙饮用，以便搅拌。

小贴士
如果偏好较为柔顺的口
感，可以将奶油搅拌至黏
稠但不发硬即可，使其漂浮
在咖啡之上。这让咖啡与
奶油融合于舌尖，享受
双重美味。

芮斯崔朵和朗戈

设备: 意式浓缩咖啡机　乳品: 无　温度: 热　分量: 2杯

　　与"正规"意式浓缩咖啡相对的是"精简"的芮斯崔朵和"加长"的朗戈，所有的差别就在于水量的多少。前者是限制萃取的量，后者是通过延长萃取时间来增加溶出的物质。

准备工作

器具
意式浓缩咖啡机
小咖啡杯或玻璃杯 2个

原料
细研磨咖啡粉 每杯16~20克

芮斯崔朵

　　芮斯崔朵是资深行家喝的浓缩咖啡——咖啡的精华会带来强烈、持久的后味。

1 使用第44~45页的方法，冲煮两杯各25毫升的意式浓缩咖啡。

2 每杯咖啡在流出15~20毫升时，即可停止（需要15~20秒），以获得风味强化、口感厚重的浓缩式咖啡。

小贴士
可使用研磨度更细或者更大量的咖啡粉来限制水流，从而萃取更多物质。不过这些方法通常会导致苦味的增加，制作时需要留心。

芮斯崔朵的意思是"精简"，而朗戈则是"加长"的音译，可出乎意料的是，芮斯崔朵的咖啡因含量反而较朗戈更低。

朗戈

朗戈是意式浓缩咖啡的温柔版，以更多的水量冲煮而成。

1 使用第44~45页的方法，冲煮两杯各25毫升的意式浓缩咖啡。

2 不在原本每杯达到25毫升或萃取25~30秒后停止，而是保持继续萃取，直至滴出的咖啡达到50~90毫升。以更多的水来萃取一杯一般浓缩咖啡的粉量，可以冲煮出略为苦涩，但口感温和、质地稀薄的咖啡。

小贴士
使用容量为90毫升的小玻璃杯或咖啡杯来冲煮朗戈，能够轻易判断萃取量，方便及时断水，避免因过量而影响味道。

美式咖啡

设备: 意式浓缩咖啡机 **乳品: 无** **温度: 热** **分量: 1杯**

二战期间，在欧洲的美国士兵发现当地咖啡太过浓烈，于是加入热水稀释，由此创造出了浓度与滴滤咖啡相似，但又带有意式浓缩咖啡风味的美式咖啡。

准备工作

器具
中咖啡杯
意式浓缩咖啡机

原料
细研磨咖啡粉 16~20克

1 将玻璃杯或咖啡杯放在咖啡机上或直接用热水冲洗温杯。使用第44~45页的方法，冲煮单杯双份/50毫升的意式浓缩咖啡。

小贴士
另一种做法是先将热水注入杯中，预留出两份/50毫升浓缩咖啡的空间，这样有助于咖啡脂浮在表面，增加卖相。

美式咖啡保留了浓缩咖啡的油脂和萃取物的口感，但是降低了萃取的浓度。

2 小心将所需的开水注入杯中，水量没有固定比例，但是可以从1份咖啡对应4份热水的比例开始尝试，再视情况调整。

3 视个人喜好决定是否要用勺子撇出咖啡脂，有人喜欢这么做，因为这样做出来的咖啡更纯净，苦味也较低。这道工序在注水前后完成皆可，效果是一样的。

糖浆及调味品

对纯粹主义者而言，好的咖啡澄净而风味多变，并不需要添加其他原料。但是，对于把咖啡当成甜点来享受的人来说，自制或购买的糖浆以及酱料的魅力却让人无法抵挡。

纯糖浆

这种透明的甜味剂通常是用白糖制得，但也可以尝试红糖，生成焦糖的口感及色泽。如果要增加风味，可加入30毫升左右的水果、草本或坚果提取物，例如杏仁、香蕉、薄荷或樱桃等。

分量：500毫升

做法

1 用大平底锅中火烧开500毫升左右的水。

2 倒入500克白糖，搅拌至溶解，然后离火。

3 冷却后，倒入消毒过的密封容器，放进冰箱冷藏，保存期限大约两周，根据个人口味可以加入一大匙伏特加，使其保质期限延长至原来的两倍。

焦糖酱

当想要增加比糖或纯糖浆更多的甜味，自制的焦糖酱会是个绝佳的选择。

分量：200毫升

做法

1 将200克糖以及600毫升水倒入厚底锅，中火加热并不断搅拌。

2 当锅内开始冒泡的时候停止搅拌，并以文火加热至115℃后关火，拌入3大匙无盐黄油以及1/2小匙海盐。

3 一边搅拌，一边小心加入120毫升的重奶油（heavy cream），搅拌至顺滑后，加入一小匙香草精混合。

4 冷却后，倒进消毒过的密封罐里，放入冰箱冷藏，保质期为2~3周。

调味料

印度茶粉

取研磨成粉的豆蔻、多香果、肉桂、丁香、生姜、黑胡椒、肉豆蔻以及甘草根各一大匙或等重，调配而成。储存于密封罐中，可以用来为茶味咖啡增加风味（参见第148页印度茶咖啡）。

草莓糖浆

草莓风味是咖啡豆中的常见口味，尤其以日晒法处理的豆子更明显。加入一些自制的草莓糖浆可以提升此莓果风味。

分量： 600毫升

做法

1 将500克切碎的草莓置于平底锅中，并加入500毫升水。

2 大火烧开之后转小火慢炖25分钟，撇出表面浮沫。

3 关火后，过滤出汁液，注意不要挤压草莓。

4 将225克糖加入草莓液中，再次煮沸并持续搅拌，煮开后转小火炖至糖完全溶化关火，撇出表面浮沫。

5 待冷却后，倒进消毒过的密封罐，放入冰箱冷藏，保质期约为2周。

调味料

姜饼黄油

取2大匙软化的有盐黄油、100克红糖、研磨成粉的多香果、肉豆蔻、肉桂、丁香各1/4小匙以及2小匙朗姆精华混合于碗中，作为咖啡的调味料（参见第182页）。

巧克力酱

不管是冲煮摩卡咖啡还是热巧克力，自制的巧克力酱都是最佳选择。些许的盐就能中和可可粉的苦味，并让巧克力风味更佳明显。

分量： 250毫升

做法

1 将可可粉150克、糖150克以及一小撮盐混合放入中型平底锅中。

2 加入250毫升水，以中火煮沸并持续搅拌，然后转小火慢炖5分钟左右，全程持续搅拌。

3 离火并加入一小匙香草调味料。

4 待冷却后，倒进消毒过的密封罐，放入冰箱冷藏，保质期为2~3周。

罗马诺咖啡

设备：**意式浓缩咖啡机** 乳品：**无** 温度：**热** 分量：**1杯**

不需要添加太多调料，也能轻易让意式浓缩咖啡的口味产生变化。加入些许柠檬皮，即可为浓缩咖啡增添新鲜的柑橘调性，使其成为经典的浓烈咖啡。

意式浓
缩咖啡

小咖啡杯

1 使用第44~45页的方法，冲煮单杯双份/50毫升的意式浓缩咖啡。

2 取一颗柠檬，用刮皮刀或刨丝器将皮刮下。

3 用柠檬皮轻轻拭擦杯子边缘，最后将其挂在杯缘上。

上桌： 以德梅拉拉红糖（demerara sugar）调味，并立即饮用。

红眼咖啡

设备：**咖啡壶及意式浓缩咖啡机** 乳品：**无** 温度：**热** 分量：**1杯**

要是一早感觉尚未清醒或是需要一点咖啡因的刺激来保持全天活力，那就来试试红眼咖啡吧。这款咖啡因其丰富的咖啡因含量，又被昵称为"闹钟咖啡"。

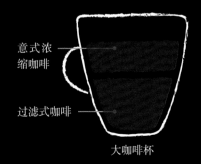

意式浓
缩咖啡

过滤式咖啡

大咖啡杯

1 以法压壶（参见第128页）、爱乐压（参见第131页）或任意过滤式咖啡壶萃取12克中度研磨咖啡粉，将200毫升冲煮好的咖啡倒入马克杯。

2 使用第44~45页的方法，冲煮单杯双份/50毫升的意式浓缩咖啡倒入小杯中。

上桌： 将意式浓缩咖啡倒入过滤式咖啡中，并立即饮用。

古巴咖啡

🏭 **设备：意式浓缩咖啡机** 🍼 **乳品：无** 🌡️ **温度：热** 📋 **分量：1杯**

古巴咖啡（又称Cuban shot或Cafecito），这种小而甜的咖啡是古巴非常流行的饮品。经过意式浓缩咖啡机萃取之后加入糖，会使咖啡变得顺滑甘甜，这款咖啡也可作为多种咖啡味鸡尾酒的基底。

加糖意式浓缩咖啡

小咖啡杯

1 将8~12克咖啡粉与2小匙德梅拉拉红糖（demerara sugar）混合，倒入意式浓缩咖啡机的冲煮手柄（参见第44页，步骤1~3）。

2 用咖啡机对咖啡和糖进行萃取，直到咖啡杯将近半满为止。

上桌：立即饮用。也可作为浓缩咖啡鸡尾酒的基底使用（参见第205~217页）。

檫木蜜糖咖啡

🏭 **设备：意式浓缩咖啡机** 🍼 **乳品：无** 🌡️ **温度：热** 📋 **分量：1杯**

檫木（sassafras）是一种原生于北美东部以及东亚，会开花结果的树木。其树皮的提取物经常被用来为姜汁啤酒调味。冲煮咖啡时，记得选用不含檫木精油的檫木萃取液。

加蜜糖和檫木萃取液的意式浓缩咖啡

小咖啡杯

1 舀一小匙蜜糖倒进小咖啡杯中。

2 使用第44~45页的方法，冲煮单杯双份/50毫升的意式浓缩咖啡至蜜糖上。

上桌：添加5滴檫木萃取液，佐以咖啡匙搅拌，立即饮用。

图巴咖啡
这款加料咖啡正在塞内加尔国内外的其他城市逐渐流行起来。

图巴咖啡（塞内加尔咖啡）

设备：咖啡壶　　乳品：无　　温度：热　　分量：4杯

图巴咖啡是来自塞内加尔的香料咖啡，因圣城图巴而得名。将咖啡生豆与胡椒和香料一起烘焙，再用研磨钵捣碎，以亚麻滤布萃取，喝起来十分香甜。

过滤后
的加料
咖啡

大马克杯

1 将60克咖啡生豆，1小匙塞利姆胡椒粒（selim pepper grains）和1小匙丁香倒入锅中，中火烘焙并不断搅拌。

2 达到想要的烘焙程度后（参见第66~67页），将咖啡豆离火，搅拌至冷却。

3 将咖啡豆和香料在研磨钵中捣碎后，放入法兰绒滤泡壶（参见第130页），再注入500毫升开水。

上桌： 可加糖，以马克杯分装后，即可饮用。

斯堪的纳维亚咖啡

设备：咖啡壶　　乳品：无　　温度：温　　分量：4杯

在咖啡萃取过程中加入鸡蛋似乎听起来有点诡异，不过鸡蛋中的蛋白质能够结合咖啡中的酸、苦成分，冲煮出有如无滤纸手冲咖啡的温和口感。

加蛋咖啡

大马克杯

1 将60克粗研磨咖啡粉，1个鸡蛋和60毫升冷水混合成糊状。

2 在平底锅中倒入1升清水并烧开，加入咖啡蛋糊，轻轻搅拌。

3 持续煮沸3分钟后离火，加入100毫升冷水，静待咖啡粉沉淀。

上桌： 将咖啡倒入马克杯时，以筛网和纱布过滤，即可饮用。

布纳（埃塞俄比亚咖啡仪式）

🍼 设备：咖啡壶　　🍶 乳品：无　　🌡️ 温度：热　　🗒️ 分量：10杯

　　布纳是埃塞俄比亚人与亲朋好友在社交仪式中饮用的咖啡，在煤炭上点燃乳香的同时烘焙咖啡，并以传统的咖啡壶"jebena"冲煮。咖啡粉会经过三次萃取，形成三杯味道非常不一样的咖啡。

浓度不同的萃取咖啡

小碗

1 将100克生咖啡豆倒入平底锅，以中火烘焙，搅拌至豆子颜色变深并出油，再以研磨钵磨成细粉。

2 将1升清水倒入jebena咖啡壶或平底锅中，中火加热至沸腾，加入磨碎的咖啡粉并搅拌，静置5分钟。

上桌： 将第一次煮好的咖啡分装成10碗，不要倒出咖啡粉，即可上桌饮用。在锅中或壶中重新加入1升清水并煮沸，即可供应第二轮。最后，再次加入1升水，重复相同步骤，煮出味道最淡的第三轮咖啡。

我是你的越橘莓

🍼 设备：咖啡壶　　🍶 乳品：无　　🌡️ 温度：热　　🗒️ 分量：1杯

　　越橘莓是美国爱达荷州（Idaho）的代表水果，外观及口感与蓝莓相似，爱达荷州也种植大量苹果，当地许多顶级咖啡也是以苹果风味为特色的，在冲煮咖啡时会将苹果加入其中。

苹果香精
越橘莓香精

咖啡

大马克杯

1 在滴滤壶（参见第129页）或其他式样的咖啡壶中加入几片苹果并萃取出250毫升咖啡。如果使用滤纸式手冲壶，可将苹果切片置于咖啡粉上，再从顶端注入热水。如果使用法压壶（参见第128页），则将苹果与咖啡粉一起泡在热水壶中，再倒出咖啡即可。

2 将咖啡倒入马克杯，加入25毫升越橘莓香精以及1大匙苹果香精。

上桌： 可用螺旋状的酸橙皮或苹果切片装饰，并用纯糖浆增加甜味（参见第162~163页），即可饮用。

陶壶咖啡（墨西哥咖啡）

🍶 设备：咖啡壶　　🥛 乳品：无　　🌡 温度：热　　📄 分量：1杯

　　这款墨西哥饮品要使用传统的陶壶来冲煮，这为咖啡增添了几分泥土气息。如果手边没有陶壶，也可以使用一般的深平底锅代替，也能带出豆子的口感及油脂，增添咖啡的稠度。

含糖肉桂咖啡

陶杯

1 将500毫升水、2支肉桂棒、50克墨西哥粗糖（piloncillo）或红糖倒入深平底锅中，中火加热至沸腾，转小火慢炖，持续搅拌直至糖粒完全溶解。

2 将平底锅离火，盖上锅盖静置5分钟，加入30克中度研磨咖啡粉，再次静置5分钟。将咖啡倒入马克杯时，以细筛或纱布过滤。

上桌： 搭配肉桂棒饮用，不仅能够提升视觉效果，也让口感更加丰富。

土耳其咖啡

🍶 设备：咖啡壶　　🥛 乳品：无　　🌡 温度：热　　📄 分量：4杯

　　土耳其咖啡是以特制的长柄小咖啡壶冲煮而成（参见第137页），用小型咖啡杯饮用。冲煮完成后，上方会有一层泡沫，底部则有厚重的沉淀物。

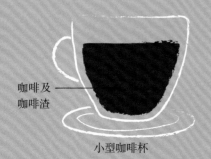

咖啡及咖啡渣

小型咖啡杯

1 将120毫升水及2大匙糖倒入土耳其咖啡壶或深平底锅中，再以中火煮沸。

2 关火后加入4大匙极细研磨的咖啡粉，可按个人口味添加小豆蔻、肉桂或肉豆蔻，并搅拌至溶解。

3 如第137页所示冲煮咖啡，舀起一些泡沫分别倒进4个杯子，再小心注入咖啡，避免将泡沫冲散。

上桌： 静置几分钟后再饮用，注意当碰到杯底的咖啡渣时就停止饮用。

马特哈雷咖啡
马特哈雷咖啡的诞生是受到了西印度马哈拉施特拉邦（Maharashtra）马拉地人（Marachi）的启发。

马特哈雷

🍼 设备：咖啡壶　　🍼 乳品：无　　🌡 温度：热　　📇 分量：2杯

　　将要感冒时，来杯姜汁、蜂蜜与柠檬的混合饮品，疗效最好不过，再加点威士忌效果更明显。使用摩卡壶（参见第133页）来冲煮，刚好装满两人份小玻璃杯。

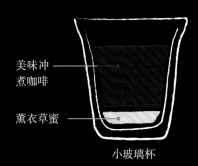

美味冲煮咖啡

薰衣草蜜

小玻璃杯

1 使用第133页的方法，将32克的粗研磨咖啡粉及300毫升水加入摩卡壶冲煮。

2 舀1大匙薰衣草蜜到每个玻璃杯，再将厚约1厘米的生姜切片以及半颗柠檬皮分别放入两个玻璃杯。

3 烧开250毫升水，并注入各杯至半满，盖过杯中内容物，再静置一分钟。

上桌： 各杯分别倒入冲煮好的新鲜咖啡75毫升，同时搅拌以帮助薰衣草蜜溶解，配以咖啡匙饮用。

印尼姜汁咖啡

🍼 设备：咖啡壶　　🍼 乳品：无　　🌡 温度：热　　📇 分量：6杯

　　在印度尼西亚，将生姜、糖和咖啡粉一起煮沸，就成了姜汁咖啡（Kopi Jahe）——一种香味浓郁的冲煮方法。"Kopi Jahe"在印尼语中就是姜汁咖啡的意思。在冲煮过程中加入肉桂、丁香等香料可以增加风味。

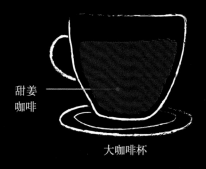

甜姜
咖啡

大咖啡杯

1 将6大匙中度研磨咖啡粉、1.5升水、7.5厘米切片生姜、100克棕榈糖放入深平底锅中（可按喜好再加入两根肉桂棒和/或3瓣丁香），以中火煮沸，再转小火慢炖，搅拌至糖完全溶解。

2 离火静置5分钟，使生姜入味。

上桌： 用纱布过滤煮好的咖啡，平均倒进6只杯子中，尽快饮用。

香草暖炉

香草咖啡

大马克杯

🍼 设备：咖啡壶　🥛 乳品：无　🌡️ 温度：热　📄 分量：2杯

　　若要寻觅与咖啡互补的风味，香草的纯粹简洁可以说是所向披靡。香草的搭配方式多种多样，例如使用整株香草荚（如本做法）、香草粉末、糖浆、精华液甚至香草酒精。

1 剥开两株香草荚，将香草籽加入装有500毫升水的深平底锅，并以中火加热至沸腾，将香草荚放在一旁。将30克粗研磨咖啡粉加入锅中，盖上锅盖，静置5分钟。

2 等待的同时，用软毛刷沾取一大匙香草香精，刷在马克杯内侧杯壁上。

上桌：用纱布过滤煮好的咖啡，倒进杯子后，再摆上香草荚，即可饮用。

虹吸香料咖啡

香料咖啡

中咖啡杯

🍼 设备：咖啡壶　🥛 乳品：无　🌡️ 温度：热　📄 分量：3杯

　　虹吸式咖啡壶（参见第132页）最适合用来调和咖啡粉与香料（磨不磨粉皆可），添加香料时，最好使用滤纸或金属滤篮，滤布则只在冲煮纯咖啡时使用。

1 将2瓣丁香和3粒多香果放进一般3杯/360毫升容量的虹吸式咖啡壶下壶，注入300毫升水。

2 将1/4大匙肉豆蔻粉和15克中度研磨咖啡粉混合，在下壶的水升至上壶后倒入其中。等待1分钟让肉豆蔻粉及咖啡粉溶解，再移开炉，等待咖啡流回下壶。

上桌：倒进3只咖啡杯后，即可饮用。

加尔各答咖啡

🍼 设备：咖啡壶　🍾 乳品：无　🌡 温度：热　🧃 分量：4杯

　　菊苣——一种草本植物，其根部经过烘焙处理并磨成粉后，在许多地方都被当作咖啡的替代品使用。加点肉豆蔻干皮粉以及些许藏红花丝后，更可增添几分异域风情。

香料
咖啡

中咖啡杯

1 将1升水倒进深平底锅并加入1小匙肉豆蔻干皮粉以及少许藏红花丝，以中火煮沸。

2 沸腾后关火，加入40克中度研磨咖啡粉以及20克中度研磨菊苣粉，盖上锅盖，静置5分钟。

上桌：以滤纸过滤入咖啡壶中，再分别倒入马克杯即可饮用。

凯撒混合咖啡（奥地利咖啡）

🖥 设备：意式浓缩咖啡机　🍾 乳品：打发鲜奶油　🌡 温度：热　🧃 分量：1杯

　　这款奥地利咖啡的制作用到了蛋黄和咖啡的组合，这种做法在北欧也很流行。蛋黄加上蜂蜜赋予了浓缩咖啡相当饱满的口感，若是再加上白兰地，风味的组合就会更丰富。

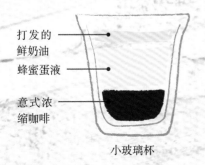

打发的
鲜奶油

蜂蜜蛋液

意式浓
缩咖啡

小玻璃杯

1 使用第44~45页的方法，冲煮单份/25毫升的浓缩咖啡至玻璃杯中。可自行选择加入25毫升白兰地。

2 取一颗蛋黄，打入一只小碗中，加入1小匙蜂蜜，将混合物轻轻倒入浓缩咖啡中，使其漂浮在上方。

上桌：舀1大匙打发的鲜奶油加在顶端，即可饮用。

椰子蛋咖啡

📶 设备：咖啡壶　　🍼 乳品：无　　🌡 温度：热　　📄 分量：1杯

　　受到越南鸡蛋咖啡的启发，这里的做法将炼乳换成了椰子奶油，不但增加了味觉层次，也让乳糖不耐受者同样可以享用咖啡。

椰子奶油加蛋

萃取咖啡

中玻璃杯

1 用越南式滴滴壶（参见第136页）或法压壶（参见第128页）做出120毫升咖啡，倒进玻璃杯中。

2 取1颗蛋黄，加入2小匙椰子奶油，搅拌至蓬松，再轻轻舀起置于咖啡杯中，使其浮于表面。

上桌： 加入德梅拉拉红糖（demerara sugar）以增加甜味，配咖啡匙饮用。

花蜜咖啡

📶 设备：意式浓缩咖啡机　📶 乳品：牛奶　🌡 温度：热　　📄 分量：1杯

　　蜜蜂在万紫千红中采蜜，所酿造的蜂蜜也吸收了各式花蜜的特质。香橙花即为其花蜜来源之一，而本做法中使用的蒸馏水可使其风味更加突出。

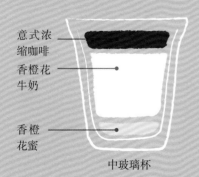

意式浓缩咖啡

香橙花牛奶

香橙花蜜

中玻璃杯

1 将1大匙香橙花水加入150毫升的牛奶，蒸煮至60~65℃或至钢杯底部烫到无法触摸为止（参见第48~51页），并使奶泡层厚达1厘米。

2 舀1大匙香橙花蜜至玻璃杯底，再倒入牛奶。

3 使用第44~45页的方法，冲煮单份/25毫升的意式浓缩咖啡，倒入玻璃杯中，使其穿透奶泡层。

上桌： 配咖啡匙饮用以方便随时搅拌，帮助蜂蜜溶解。

蛋酒拿铁

设备: 意式浓缩咖啡机　**乳品:** 牛奶　**温度:** 热　**分量:** 1杯

　　蛋酒拿铁口感馥郁香浓,因此成为了节庆场合的首选。现成的蛋酒通常不含生蛋,若是选择自制,则要留心细菌感染和加热凝结的问题。

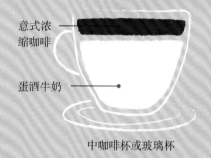

意式浓缩咖啡

蛋酒牛奶

中咖啡杯或玻璃杯

1 将150毫升的蛋酒及75毫升的牛奶倒进深平底锅,以中火缓缓加热并持续搅拌,小心不要煮沸。将温热的蛋酒牛奶倒进咖啡杯或玻璃杯备用。

2 使用第44~45页的方法,冲煮双份/50毫升的意式浓缩咖啡,注入蛋酒牛奶中。

上桌: 撒上新鲜现磨的肉豆蔻,即可饮用。

豆浆蛋酒拿铁

设备: 意式浓缩咖啡机　**乳品:** 豆浆　**温度:** 热　**分量:** 1杯

　　选择优质品牌的豆浆和黄豆蛋酒来做这款经典的无奶版蛋酒拿铁吧!还可以加入限成人享用的白兰地、波本威士忌,或是用巧克力碎屑来代替肉豆蔻。

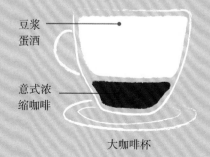

豆浆蛋酒

意式浓缩咖啡

大咖啡杯

1 将100毫升蛋酒及100毫升豆浆倒进深平底锅,以中火缓缓加热,小心不要煮沸。

2 使用第44~45页的方法,冲煮一杯双份/50毫升的意式浓缩咖啡。

3 将温热的蛋酒豆浆注入意式浓缩咖啡杯中,然后搅拌。

上桌: 自行选择加入些许白兰地,撒上肉豆蔻粉,即可享用。

枫糖山核桃咖啡

📇 设备: 意式浓缩咖啡机　🍼 乳品: 牛奶　🌡 温度: 热　🏷 分量: 1杯

　　意式浓缩咖啡加上优质枫糖浆、山核桃，使得这款咖啡喝起来就像液体的核桃派一样。搭配苏格兰黄油酥饼（shortbread）一起饮用，还可以用饼干蘸着咖啡食用。

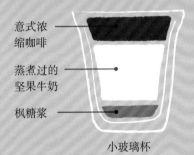

意式浓缩咖啡 ——

蒸煮过的坚果牛奶 ——

枫糖浆 ——

小玻璃杯

1 在120毫升牛奶中加入5滴山核桃香料，然后用钢杯蒸煮至60~65℃，或至钢杯底部烫到无法触摸为止（参见第48~51页），并使含有坚果甜味的奶泡层厚度达到1.5厘米。

2 取1大匙枫糖浆倒入玻璃杯底部，再将牛奶注入其上。

3 使用第44~45页的方法，冲煮双份/50毫升的意式浓缩咖啡，再倒入玻璃杯。

上桌: 在表面摆上一颗山核桃仁做装饰，配咖啡匙饮用，以便搅拌枫糖浆。

樱桃杏仁拿铁

📇 设备: 意式浓缩咖啡机　🍼 乳品: 杏仁奶　🌡 温度: 热　🏷 分量: 1杯

　　如果想来杯无奶版的加味拿铁咖啡，那就试试用蒸煮过的杏仁奶代替牛奶吧。对乳糖不耐症的人群而言，这也是个不错的选择。杏仁奶带来坚果风味，与樱桃香精的甜味相辅相成。

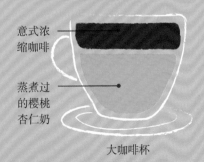

意式浓缩咖啡 ——

蒸煮过的樱桃杏仁奶 ——

大咖啡杯

1 在150毫升杏仁奶中加入25毫升樱桃香精，蒸煮至60~65℃，或至钢杯底部烫到无法触摸为止（参见第48~51页），再倒入咖啡杯中。

2 使用第44~45页的方法，冲煮双份/50毫升的意式浓缩咖啡，再倒入杏仁奶中。

上桌: 配搅拌匙饮用。

杏仁无花果拿铁

🍼 设备：咖啡壶　　🍶 乳品：牛奶　　🌡 温度：热　　🏷 分量：1杯

　　无花果在全世界很多咖啡品种中扮演着口味强化剂的角色，但很少作为饮品的原料出现。这里的做法是将其与杏仁精混合，增加口感的深度，使其成为别具一格的拿铁咖啡。

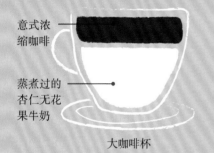

意式浓缩咖啡

蒸煮过的杏仁无花果牛奶

大咖啡杯

1 在250毫升牛奶中加入1小匙杏仁精与5滴无花果香精，钢杯蒸煮至60~65℃或至钢杯底部烫到无法触摸为止（参见第48~51页），再倒入咖啡杯中。

2 用法压壶（参见第128页）、爱乐压（参见第131页）或其他咖啡壶制作出100毫升左右咖啡，若是喜欢更为明显的咖啡口感，可以将制作咖啡的浓度翻倍。

上桌： 将制作好的咖啡注入加了调味料的蒸牛奶，即可饮用。

麻薯阿芙佳朵

🍼 设备：意式浓缩咖啡机　🍶 乳品：椰奶冰淇淋　　🌡 温度：热　　🏷 分量：1杯

　　麻薯冰淇淋是一款相当受欢迎的日式甜品，一个冰淇淋球被嫩滑如生面团一样的米糊包裹。本做法使用的麻薯是以椰浆制成，乳糖不耐者也可饮用。

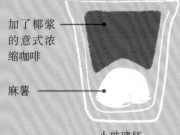

加了椰浆的意式浓缩咖啡

麻薯

小玻璃杯

1 将一颗黑芝麻口味的椰奶麻薯置于玻璃杯中。

2 使用第44~45页的方法，冲煮双份/50毫升的意式浓缩咖啡至小咖啡壶。

3 将50毫升椰浆与做好的浓缩咖啡混合，再倒在麻薯上方。

上桌： 配以小匙即可饮用。

阿芙佳朵

⊞ 设备：**意式浓缩咖啡机**　🍶 乳品：**冰淇淋**　🌡 温度：**冷热交杂**　分量：**1杯**

　　以意式浓缩咖啡为基底的咖啡花样繁多，阿芙佳朵是其中最简单的一款。一个冰淇淋球沉浸在浓烈的浓缩咖啡中，绝对可以作为任何餐食的完美句点。如果想要更清淡的版本，可选用不含蛋的香草冰淇淋，或使用不同口味的冰淇淋来制造不同风味的阿芙佳朵。

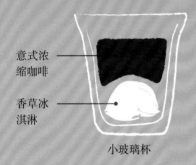

意式浓缩咖啡

香草冰淇淋

小玻璃杯

1 挖一个香草冰淇淋球至玻璃杯中。使用挖球器挖出完整的球形冰淇淋会使咖啡卖相更佳。

2 使用第44~45页的方法，冲煮双份/50毫升的意式浓缩咖啡，倒至冰淇淋上方。

上桌： 可以配小匙作为甜点食用，或一边啜饮一边任其融化。

杏仁阿芙佳朵

⊞ 设备：**意式浓缩咖啡机**　🍶 乳品：**杏仁奶**　🌡 温度：**冷热交杂**　分量：**1杯**

　　对于患有乳糖不耐症的人群而言，杏仁奶是绝佳的替代选择。杏仁奶或杏仁奶冰淇淋是以杏仁粉加水和糖制成的，适合在家自制。好好享受杏仁奶为咖啡带来的新鲜风味吧！

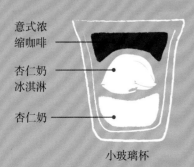

意式浓缩咖啡

杏仁奶冰淇淋

杏仁奶

小玻璃杯

1 将25毫升杏仁奶倒入小玻璃杯，并在上方加上一个杏仁奶冰淇淋球。

2 使用第44~45页的方法，冲煮单份/25毫升的意式浓缩咖啡，倒至冰淇淋上方。

上桌： 撒上1/2小匙肉桂及1小匙杏仁碎，即可享用。

杏仁阿芙佳朵
杏仁阿芙佳朵是一款美味的无奶咖啡，如果过敏，可以试试改用米浆及米浆冰淇淋。

鸳鸯咖啡（港式咖啡）

设备：咖啡壶　　乳品：炼乳　　温度：热　　分量：4杯

　　大多数人可能想不到将奶茶和咖啡混在一起，但是这样一杯添加了红茶和乳品的混合物其实相当美味。鸳鸯咖啡最初本是路边摊贩卖的饮料，但现在已经成为很多港式餐厅的招牌美食。

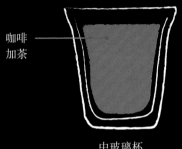

咖啡加茶

中玻璃杯或马克杯

1 将2大匙红茶叶和250毫升水加入容量约为1升的大平底锅，小火炖煮2分钟。

2 将锅子移开火炉并滤出茶叶，拌入250毫升炼乳，再次以小火加热2分钟，再离火。

3 使用第128页的方法，以法压壶冲煮出500毫升的咖啡，倒入茶叶锅中，用木勺充分搅拌。

上桌：倒进4只玻璃杯或马克杯，加糖后即可饮用。

草莓蕾丝咖啡

设备：咖啡壶　　乳品：牛奶　　温度：热　　分量：1杯

　　草莓沾裹融化后的黑巧克力深受许多人喜爱，而草莓与鲜奶油的搭配更加迷人。本做法将黑巧克力换成了白巧克力，巧妙地融合两种甜品，增添了美味的乳品口感。

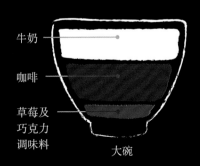

牛奶

咖啡

草莓及巧克力调味料

大碗

1 用法压壶（参见第128页）、爱乐压（参见第131页）或其他咖啡壶制作出150毫升左右的咖啡。

2 将150毫升牛奶倒进深平底锅中，中火加热，小心不要煮沸。

3 将2大匙白巧克力以及1大匙草莓香精（参见第162~163页）倒入碗底，再加入咖啡及牛奶。

上桌：配咖啡匙饮用，方便搅拌以使巧克力融化。

香蕉船

 设备：**咖啡壶**　　🍼 乳品：**牛奶**　　🌡️ 温度：**热**　　📋 分量：**1杯**

　　如果你喜欢经典的香蕉味甜点，例如香蕉太妃派或香蕉船。那你一定也会喜欢这道在风味上有诸多类似的饮品。搭配300毫升大小的飞碟杯饮用，看起来更加赏心悦目。

牛奶 ———

咖啡 ———

焦糖酱 ———
炼乳 ———

玻璃飞碟杯

1 将1小匙炼乳倒入飞碟杯中，再于其上加入1小匙焦糖酱。

2 在杯中加入5滴香蕉香精。使用法压壶（参见第128页）、爱乐压（参见第131页）或其他咖啡壶制作出100毫升左右的咖啡。

3 将100毫升牛奶倒入平底锅中，中火加热，但不要煮沸。

上桌： 将咖啡及牛奶倒入杯中，配咖啡匙饮用。

炼乳热咖啡（越南咖啡）

 设备：**咖啡壶**　　🍼 乳品：**炼乳**　　🌡️ 温度：**热**　　📋 分量：**1杯**

　　制作炼乳热咖啡不一定要用越南式滴滴壶，不过越南式滴滴壶的确是个相当干净而容易操作的冲煮器具，用它来制作黑咖啡也很合适。这里的做法中加入了炼乳，喝起来格外香甜浓滑。

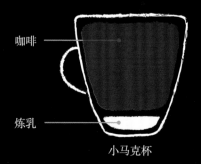

咖啡 ———

炼乳 ———

小马克杯

1 将2大匙炼乳倒入马克杯底，再将2大匙中度研磨咖啡粉置于越南式滴滴壶（参见第136页）或手冲滴滤壶（参见第129页）的壶底，摇晃均匀后再将顶部的过滤装置旋上。

2 烧开120毫升水，将其中三分之一注入滤纸或滤篮，让咖啡粉膨胀1分钟。将滤篮松开几圈后，再将剩下的热水注入，大约可在5分钟后滴完。

上桌： 配咖啡匙饮用，方便搅拌以使炼乳融化。

金罐咖啡

设备：咖啡壶   **乳品：无**   **温度：热**   **分量：1杯**

对乳糖不耐症患者而言，其实还有很多不含乳糖的奶品可以尝试，包括坚果或种籽奶。本做法使用生蛋，增添了绝佳的乳脂感，金光闪闪的卡仕达酱让整杯咖啡光彩夺目，因此得名"金罐"。

打发的植物
性鲜奶油

加蛋卡
仕达

咖啡

小马克杯

1 使用第133页的方法，冲煮100毫升的浓郁摩卡咖啡。

2 制作加蛋卡仕达。首先打一只鸡蛋，分离出蛋白，蛋黄与2大匙无乳糖卡仕达酱在小碗中混合，再加入1小匙咖啡，搅拌均匀。

上桌： 将咖啡倒入马克杯中，接着倒入加蛋卡仕达酱，最后加上打发的植物性鲜奶油，还可以撒上些香草糖，即可饮用。

姜饼烈酒咖啡

设备：咖啡壶   **乳品：单倍奶油**   **温度：热**   **分量：6杯**

制作姜饼烈酒咖啡可能需要多花点时间，但在寒夜中，美妙的香气及美味的温暖是绝对值得等待的。尤其在一顿大餐之后来一杯最为合适，其丰富的奶油及糖分，用来代替餐后甜点最好不过。

咖啡加
鲜奶油

大马克杯

1 将1只柠檬及1只柳橙剥皮切片，平均放置于各马克杯中。

2 以法压壶（参见第128页）或美式咖啡机（参见第135页）制作出1.5升的咖啡。

3 将咖啡倒入壶中，加入250毫升单倍奶油，再将咖啡鲜奶油倒入柑橘皮之上。

上桌： 将姜饼奶油（参见第162~163页）平均分置于各马克杯中，大约每杯1小匙，待其融化后即可饮用。

姜饼烈酒咖啡
随着加味的奶油融化，香料溶解，表面
会浮现细小的珍珠状颗粒。

印度茶咖啡

🍼 设备：咖啡壶　　🍶 乳品：牛奶　　🌡 温度：热　　🏷 分量：1杯

　　印度茶香料有现成调配好的产品可供购买，不过自行制作印度茶咖啡也很容易（参见第162~163页）。可以根据个人口味调整配方，成品以密封容器储藏，保质期可长达1个月。

奶茶加咖啡

大马克杯

1 在小平底锅中放入1小匙印度茶香料，注入100毫升水，再加入1小匙散装红茶茶叶，煮开后转小火慢炖5分钟。

2 加入100毫升牛奶后再次加热，但是不要煮沸。同时以法压壶（参见第128页）、爱乐压（参见第131页）或其他咖啡壶制作出100毫升左右的咖啡。最后将茶叶及香料渣滤出。

上桌：将等量的奶茶及咖啡倒入马克杯中，加糖后即可饮用。

巧克力薄荷甘草咖啡

☕ 设备：意式浓缩咖啡机　　🍶 乳品：牛奶　　🌡 温度：热　　🏷 分量：1杯

　　甘草淡淡的清香加上黑巧克力的苦味以及薄荷的清新味道，让这杯咖啡成为成年人较能接受的饮料。减少牛奶的比例更可增强其风味。

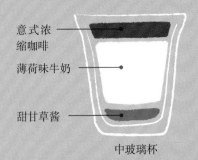

意式浓缩咖啡

薄荷味牛奶

甜甘草酱

中玻璃杯

1 加入1~2块巧克力及1大匙甜甘草酱至玻璃杯底。

2 将5~6滴薄荷香精加入150毫升牛奶中，钢杯蒸煮至60~65℃或至钢杯底部烫到无法触摸为止（参见第48~51页），再倒入玻璃杯中。

3 使用第44~45页的方法，冲煮出双份/50毫升的意式浓缩咖啡。

上桌：将意式浓缩咖啡注入奶泡中，即可饮用。

马扎甘咖啡（葡萄牙冰咖啡）

🔲 设备：意式浓缩咖啡机 🍼 乳品：无   🌡 温度：冷   🏷 分量：1杯

　　马扎甘咖啡是以浓烈的滴滤咖啡或意式浓缩咖啡制成的，是葡萄牙版的冰咖啡。饮用时通常会以冰块为底并搭配螺旋状柠檬皮，加上少许糖，有时还会再掺点朗姆酒。

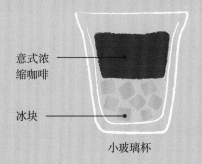

意式浓缩咖啡

冰块

小玻璃杯

1 将3~4颗冰块以及一块柠檬角放入玻璃杯中。

2 使用第44~45页的方法，冲煮双份/50毫升的意式浓缩咖啡至冰块上方。

上桌： 可自行选择加入纯糖浆（参见第162~163页），即可饮用。

意式浓缩冰咖啡

🔲 设备：意式浓缩咖啡机 🍼 乳品：无   🌡 温度：冷   🏷 分量：1杯

　　让一杯意式浓缩咖啡冷却的最快办法是将其倒入冰块中，若是与冰块一起摇晃，还能制造出一层诱人的泡沫，也可以试试用不同种类的糖（白糖、德梅拉拉红糖、黑砂糖）变化出不同的风味。

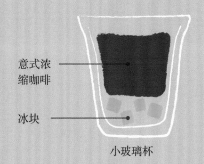

意式浓缩咖啡

冰块

小玻璃杯

1 使用第44~45页的方法，冲煮双份/50毫升的意式浓缩咖啡进小咖啡杯，按个人喜好选择加糖。

2 将咖啡倒入装满冰块的雪克杯中，再用力摇晃。

上桌： 在杯中放入些许冰块，将咖啡过滤，倒在其上，即可饮用。

意式浓缩苏打咖啡

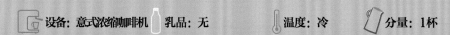

在意式浓缩咖啡中加入苏打水看似奇怪，但产生的气泡却相当提神。但贸然将二者混合可能会导致气泡的喷发。

苏打水 ——
意式浓
缩咖啡 ——

冰块 ——

小玻璃杯

1 制作前，先将玻璃杯放入冰箱冷藏1小时左右。

2 使用第44~45页的方法，冲煮双份/50毫升的意式浓缩咖啡进小咖啡壶。将玻璃杯里装满冰块后，再将咖啡注入。

上桌： 在咖啡上方慢慢注入苏打水，小心别让泡沫溢出，即可饮用。

白雪公主

这杯冰咖啡是以大量冰块制成的，同时少见地融合了草莓与甘草两种风味。鲜明的红黑色对比让人想起白雪公主的秀发红唇，因此得名。

加糖意式
浓缩咖啡 ——

冰块 ——

草莓香精 ——
甘草香精 ——

中平底玻璃杯

1 使用第44~45页的方法，冲煮双份/50毫升的意式浓缩咖啡进小咖啡壶。拌入1小匙白糖。再将咖啡加冰块一起倒入一只雪克杯，用力摇晃。

2 将1大匙香草香精和1大匙草莓香精倒进平底玻璃杯，在上面加入冰块。

3 将咖啡滤出，在倒入玻璃杯中前，可选择加入50毫升冰牛奶，增加香浓口感。

上桌： 配咖啡匙饮用，以便将所有原料搅拌均匀。

白雪公主
可以试试用碎冰代替冰块，保冷效果更好，不过会溶解得很快。

可乐咖啡

设备: 意式浓缩咖啡机　　**乳品:** 无　　**温度:** 冷　　**分量:** 1杯

　　一份意式浓缩咖啡调味后的冰可乐，喝了足以让人兴奋好几个小时。这两种饮料在冰块上融合时会产生大量泡沫，保持饮料和杯体在较低温度可以适当减慢冰块的融化速度。

意式浓缩咖啡
可乐
冰块
中玻璃杯

1 使用第44~45页的方法，冲煮双份/50毫升的意式浓缩咖啡进小咖啡壶。放入冰箱直至冷却。

2 在玻璃杯中加入冰块，并倒入150毫升可乐，待气泡消退后，再将冰咖啡缓缓注入。

上桌: 以纯糖浆（参见第162~163页）调味后，即可饮用。

蒲公英莱恩咖啡

设备: 咖啡壶　　**乳品:** 无　　**温度:** 冷　　**分量:** 4杯

　　烘焙后的蒲公英根磨成粉就和菊苣、大麦及甜菜一样，是一种常见的咖啡替代品，通常用于食物供给不足的时候。这些替代品虽然无法提供出真正的咖啡因刺激，但也依然相当美味且具有抚慰人心的力量。

蒲公英根咖啡
中玻璃杯

1 使用第134页的方法，以冰滴壶冲泡冰咖啡，原料包括1升水、2大匙中度研磨咖啡粉、2大匙烘焙过的蒲公英根以及2大匙烘焙过的甜菜或菊苣。

2 将250毫升咖啡及冰块加入雪克杯摇匀，即为一杯的分量。

上桌: 将咖啡倒入玻璃杯中，饰以新鲜的蒲公英花朵，尽快饮用。

冰咖啡果茶

🍼 设备：咖啡壶　　🥛 乳品：无　　🌡 温度：冷　　🏷 分量：1杯

　　咖啡通常是以烘焙过的咖啡豆制成的，不过有时咖啡树的其他部分也能用来制作一些传统饮品，例如咖啡树的叶子可以制作一种叫作kuti的冲剂，咖啡果皮可以制作hoja和qishr。在本做法中，用木槿一般的cascara（咖啡果干）即可让整杯冰咖啡都明亮起来。

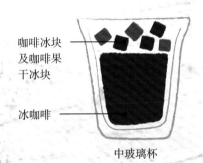

咖啡冰块
及咖啡果
干冰块

冰咖啡

中玻璃杯

1 先准备咖啡果干冰块，用咖啡果干泡茶，并将泡好的茶倒入制冰格，放入冰箱冷冻成冰块。再以相同的方式做好咖啡冰块（将冲好的咖啡倒进制冰格冷冻即可）。

2 使用第134页的做法，用冰滴壶冲泡出150毫升冰咖啡。

3 将做好的咖啡果干冰块和咖啡冰块加入雪克杯中，然后倒入冰咖啡及1小匙咖啡果干，充分摇匀。

上桌： 将咖啡倒入玻璃杯中，尽快饮用。

完美沙士

🍼 设备：咖啡壶　　🥛 乳品：无　　🌡 温度：冷　　🏷 分量：1杯

　　沙士（root beer）和咖啡在冰冷的状态下结合的口感最令人愉悦。本做法不含乳品，而是使用椰浆来增加口感和甜度，与沙士的味道相辅相成。

冰咖啡

碎冰

椰浆

沙士香精

中玻璃杯

1 使用第134页的做法，用冰滴壶冲泡出150毫升冰咖啡。

2 将50毫升现成的沙士香精以及50毫升椰浆倒进玻璃杯后混合均匀。

上桌： 在混合物上方加入碎冰，再注入冰咖啡，配吸管饮用。

冰淇淋苏打咖啡

🍼 **设备：**咖啡壶　　🍶 **乳品：**无　　🌡️ **温度：**冷　　📋 **分量：**1杯

　　冰淇淋苏打（cream soda）在世界各地拥有不同的名称，做法和颜色也不尽相同。可以有很多种水果口味，但是以香草和炼乳的口味最为常见。

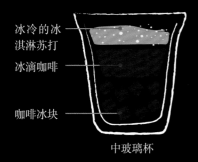

冰冷的冰淇淋苏打
冰滴咖啡

咖啡冰块

中玻璃杯

1 使用第134页的做法，用冰滴壶冲泡出100毫升冰咖啡，提前将盛装咖啡的玻璃杯放入冰箱冷藏1小时左右。

2 将咖啡冰块（参见第189页【冰咖啡果茶】步骤1）放入冷藏过的玻璃杯，并注入冰咖啡。

3 缓缓注入100毫升左右冰冷的冰淇淋苏打，小心不要让泡沫溢出。

上桌：立即饮用。

加勒比特调

🍼 **设备：**咖啡壶　　🍶 **乳品：**无　　🌡️ **温度：**冷　　📋 **分量：**1杯

　　在这款特饮中，柠檬汁和苏打水的味道能使安古斯图腊树皮（angostura）的苦味和朗姆酒的温暖口感更加明显。要制作朗姆冰块，只需要在水中加入些许朗姆香精，再将其倒进制冰格冷冻即可。

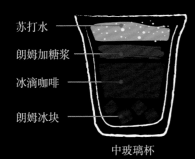

苏打水
朗姆加糖浆
冰滴咖啡
朗姆冰块

中玻璃杯

1 使用第134页的做法，用冰滴壶冲泡出150毫升冰咖啡。

2 将朗姆冰块加入玻璃杯中，然后注入冰咖啡。

3 另取一容器，加入2小匙柠檬汁、2滴安古斯图腊树皮苦味剂、25毫升朗姆香精和一大匙糖浆，混合均匀，倒在冰咖啡及冰块上方。

上桌：于表面注入50毫升苏打水，即可饮用。

漂浮可乐咖啡

设备：意式浓缩咖啡机　**乳品：**豆奶冰淇淋　**温度：**冷　**分量：**1杯

　　市面上有许多不错的豆奶冰淇淋，如果接受不了奶制品还是可以品尝这款经典的漂浮可乐。将可乐和咖啡混合时会产生大量气泡。

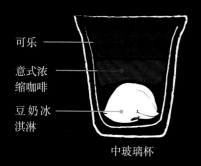

可乐
意式浓
缩咖啡
豆奶冰
淇淋

中玻璃杯

1 舀一个豆奶冰淇淋球放入玻璃杯底部。

2 使用第44~45页的方法，冲煮单份/25毫升的意式浓缩咖啡，倒入冰淇淋上方，并小心注入可乐。

上桌：配小匙饮用。

冰拿铁

设备：意式浓缩咖啡机　**乳品：**牛奶　**温度：**冷　**分量：**1杯

　　冰拿铁——炎炎夏日的消暑圣品。制作的时候可以对其摇晃或搅拌，加糖或调味，而且可以根据自己的喜好调整浓度。如果你喜欢卡布奇诺那样更强烈的咖啡口感，将本做法中的牛奶分量减半即可。

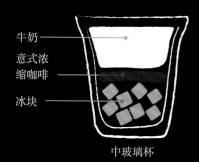

牛奶
意式浓
缩咖啡
冰块

中玻璃杯

1 将玻璃杯的一半装满冰块，使用第44~45页的方法，冲煮单份/25毫升的意式浓缩咖啡，再倒入杯中。

上桌：上面注入180毫升牛奶，并以纯糖浆（参见第162~163页）调味。

还可以这样做：制作单份/25毫升的意式浓缩咖啡，与冰块一起倒入雪克杯，再充分摇晃。将玻璃杯的一半装满冰块，并倒入180毫升牛奶直至杯子的3/4满。最后再将冰咖啡倒入杯中，即可饮用。

榛果冰拿铁

🍶 设备: 意式浓缩咖啡机 　🍼 乳品: 榛果奶 　🌡 温度: 冷 　🏷 分量: 1杯

　　若要来一杯稍微复杂一点的无乳糖替代品，可以将不同种类的坚果和种籽奶混合，并尝试各种口感。以糖浆代替糖来调味可以增加独特的风味。

加糖浆的
意式浓缩
咖啡

榛果奶

冰块

豆奶卡
仕达酱

中玻璃杯

1 使用第44~45的方法，冲煮双份/50毫升的意式浓缩咖啡进小咖啡壶，加入2小匙糖浆，使其溶解，然后倒入装满冰块的雪克杯中充分摇匀。

2 舀2大匙豆奶卡仕达酱达至玻璃杯底部，加入少量冰块，在其上倒入150毫升榛果奶。

上桌: 将咖啡从顶部注入，配小匙饮用。

米浆冰拿铁

🍶 设备: 意式浓缩咖啡机 　🍼 乳品: 米浆 　🌡 温度: 冷 　🏷 分量: 1杯

　　在众多的牛奶替代品中，米浆的甜味较为天然，虽然蒸煮时不易起泡，但用来制作冰咖啡更为合适。各种坚果萃取物和米浆很搭，和莓果的搭配也非常值得一试。

果仁糖意
式浓缩咖
啡加米浆

中玻璃杯

1 使用第44~45页的方法，冲煮单份/25毫升的意式浓缩咖啡至小咖啡壶，静置使其冷却。

2 将冷却后的咖啡、180毫升米浆以及25毫升果仁糖香精倒入雪克杯，加入咖啡冰块（参见第189页【冰咖啡果茶】步骤1）并用力摇匀。

上桌: 经过双重过滤后倒入玻璃杯中，配吸管饮用。

杏桃八角咖啡

设备: **意式浓缩咖啡机**　乳品: **单倍奶油**　温度: **冷**　分量: **1杯**

　　茶与咖啡的混合特别适合制作冷饮，尤其在经过牛奶和其他香料调味之后。如果想得到更温和的口感，使用单份意式浓缩咖啡制作即可。

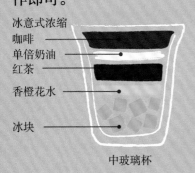

冰意式浓缩咖啡
单倍奶油
红茶
香橙花水
冰块

中玻璃杯

1 将10克红茶茶叶及一颗八角放入茶壶，倒入150毫升开水浸泡，稍后滤出茶汤，放至冷却。

2 将玻璃杯的一半装满冰块，加入2小匙香橙花水以及1小匙杏桃香精。将冷却后的茶汤倒在冰块上，并在表面铺上单倍奶油。

3 使用第44~45页的方法，冲煮双份/50毫升的意式浓缩咖啡至小咖啡壶，再倒进装满冰块的雪克杯，充分摇匀至冷却。

上桌: 将冰咖啡滤出，倒入玻璃杯中，即可饮用。

椰子肉桂咖啡

设备: **意式浓缩咖啡机**　乳品: **牛奶**　温度: **冷**　分量: **1杯**

　　作为一杯不起眼但很香甜的饮品，椰子肉桂咖啡采用了椰子和肉桂的美味组合，令你的每一口啜饮都能唇齿生津。若想得到更醇厚的口感，将配方中的牛奶换成单倍奶油即可。

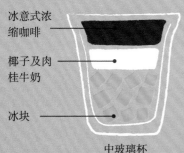

冰意式浓缩咖啡
椰子及肉桂牛奶
冰块

中玻璃杯

1 使用第44~45页的方法，冲煮双份/50毫升的意式浓缩咖啡至小咖啡壶，倒进装满冰块的雪克杯，充分摇匀。

2 将玻璃杯的一半装满冰块，倒入120毫升牛奶直至杯子的3/4满。加入椰子香精及肉桂香精各1小匙，再将冰咖啡倒入其中。

上桌: 表面以椰子刨花装饰，加入纯糖浆（参见第162~163页）调味，即可饮用。

冰摩卡
炎夏季节的消暑圣品，烧烤大餐之后
来一杯最为提神。

冰摩卡

🔲 设备: **意式浓缩咖啡机**　🥛 乳品: **牛奶**　🌡️ 温度: **冷**　🏷️ 分量: **1杯**

　　冰摩卡是冰拿铁的一种广受欢迎的变身版，因为使用了巧克力酱，口感十分香甜浓郁。若是想要更浓烈的咖啡风味，尝试减少配方中的牛奶或巧克力酱的用量即可。

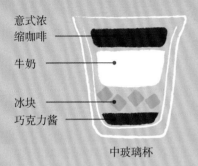

意式浓缩咖啡 ——
牛奶 ——
冰块 ——
巧克力酱 ——

中玻璃杯

1 将2大匙轻巧克力或黑巧克力酱（参见第162~163页）倒入玻璃杯，再加入冰块及超过180毫升的牛奶。

2 使用第44~45页的方法，冲煮双份/50毫升的意式浓缩咖啡至小咖啡壶，再倒在牛奶上。

上桌: 尽快饮用，配以吸管以搅拌巧克力酱使其溶解。

一缕清新

🔲 设备: **意式浓缩咖啡机**　🥛 乳品: **牛奶**　🌡️ 温度: **冷**　🏷️ 分量: **1杯**

　　薄荷与咖啡是一种非常醒神的香料组合，再加上香草，更能调出一杯非常适合夏天饮用的清新饮品。如果想让口感更加精致优雅，记得选用脂肪含量较低的牛奶来制作。

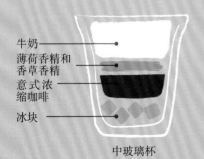

牛奶 ——
薄荷香精和香草香精 ——
意式浓缩咖啡 ——
冰块 ——

中玻璃杯

1 使用第44~45页的方法，冲煮双份/50毫升的意式浓缩咖啡至小咖啡壶。在玻璃杯中装进半杯冰块，再将咖啡小心地倒在其上。

2 加入1小匙薄荷香精及5~6滴香草香精，再于上方倒入150毫升牛奶。

上桌: 以薄荷叶装饰，配以咖啡匙帮助搅拌。

炼乳冰咖啡（越南冰咖啡）

设备：咖啡壶　　　乳品：炼乳　　　温度：冷　　　分量：1杯

　　如果没有越南式滴滴壶，可以改用法压壶（参见第128页）或摩卡壶（参见第133页）来制作炼乳冰咖啡。炼乳冰咖啡的做法和炼乳热咖啡（参见第181页）的做法非常相似，冰咖啡味道更为稀释，但依然顺滑香甜。

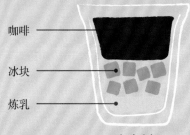

咖啡
冰块
炼乳

中玻璃杯

1 将2大匙炼乳倒入玻璃杯底，并加入冰块。

2 将滴滴壶的滤篮拿起（参见第136页），倒入2大匙中度研磨咖啡粉，摇晃均匀后再将滤篮旋上。

3 将滴滴壶置于玻璃杯上，烧开120毫升水，将其中的1/4倒入滤篮，按照第136页的方法用滴滴壶冲煮咖啡。

上桌： 搅拌使炼乳溶解后，即可饮用。

樱桃莓果咖啡

设备：咖啡壶　　　乳品：牛奶　　　温度：冷　　　分量：1杯

　　很多咖啡产地（例如肯尼亚以及哥伦比亚部分地区）都出产水果风味明显的咖啡豆，非常适合以冰滴的方式来冲泡。

打发的鲜奶油
双倍浓度
冰滴咖啡
牛奶
冰块
蔓越莓香精
樱桃香精

大玻璃杯

1 使用第134页的方法，用冰块萃取出200毫升双倍浓度的冰咖啡。

2 将25毫升樱桃香精以及1大匙蔓越莓香精倒入玻璃杯底，装入半杯冰块，小心地倒入50毫升牛奶，然后倒入咖啡。

上桌： 加上1大匙打发的鲜奶油，并以新鲜的樱桃装饰，配咖啡匙饮用。

开心果奶油咖啡

🍼 设备：咖啡壶　　🍶 乳品：牛奶　　🌡 温度：冷　　📋 分量：1杯

　　花生味在咖啡中有时会被认为是劣质的象征，但还是有例外。在本做法中，草莓和开心果的风味产生了类似花生奶油与果冻的混合香气，因此非常值得一试。

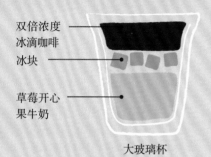

双倍浓度
冰滴咖啡

冰块

草莓开心
果牛奶

大玻璃杯

1 使用第134页的方法，用冰块萃取出50毫升双倍浓度的冰咖啡。

2 将冰块、120毫升牛奶、1大匙开心果香精以及1大匙草莓香精倒入雪克杯，摇晃均匀。

3 将混合物倒入玻璃杯中，再加一些冰块，将咖啡仔细地注入其上。

上桌： 在杯缘装饰一颗新鲜草莓，即可饮用。

枫糖冰拿铁

🍼 设备：咖啡壶　　🍶 乳品：牛奶　　🌡 温度：冷　　📋 分量：1杯

　　只需要加入一点枫糖浆，就能让冰咖啡产生些许变化。枫糖浆的加入不仅增加了咖啡的甜味，更凸显了由咖啡冰块融化所带来的咖啡口感慢慢变浓的效果。

枫糖浆
加牛奶

冰滴咖啡

咖啡冰块

中玻璃杯

1 使用第134页的方法，以冰滴壶萃取出120毫升的冰咖啡。

2 将咖啡冰块（参见第189页【冰咖啡果茶】步骤1）加入杯中，再倒入咖啡及120毫升牛奶。

上桌： 在漂浮的冰块上滴洒少许枫糖浆调味，配搅拌棒饮用。

奶蜜咖啡
固态的咖啡冰块或牛奶冰块能让咖啡不
被稀释得太快。

奶蜜咖啡

🍼 设备：咖啡壶 　🍶 乳品：牛奶 　🌡️ 温度：冷 　📄 分量：1杯

　　蜂蜜是天然美味的增甜剂，无论冷热咖啡都适用。可在咖啡冷却前就加入蜂蜜，也可等到饮用之前才拌入。至于牛奶冰块的做法，只要将牛奶倒入制冰格冷冻即可。

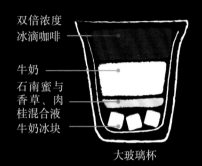

双倍浓度
冰滴咖啡

牛奶

石南蜜与
香草、肉
桂混合液

牛奶冰块

大玻璃杯

1 使用第134页的方法，用冰块萃取出100毫升双倍浓度的冰咖啡。

2 在玻璃杯中加入3~4块牛奶冰块，再加入1/2小匙香草香精、1大匙石南蜜（heather honey）以及1/4小匙肉桂粉。

上桌： 在杯中倒入100毫升牛奶，随后倒入咖啡，配搅拌匙饮用。

混合冰咖啡

📟 设备：意式浓缩咖啡机 🍶 乳品：牛奶 　🌡️ 温度：冷 　📄 分量：1杯

　　如同咖啡奶昔一样，这杯香浓顺滑的调和物既适合单独享用，也能随意加入各种食材调味后饮用。若是喜欢较为清淡的口感，将配方中的奶油换成普通牛奶或低脂牛奶即可。

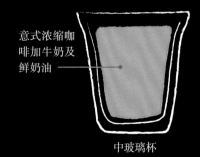

意式浓缩咖
啡加牛奶及
鲜奶油

中玻璃杯

1 使用第44~45页的方法，冲煮单份/25毫升的意式浓缩咖啡至小咖啡壶。

2 将咖啡、5~6颗冰块，30毫升鲜奶油以及150毫升牛奶倒入搅拌机中，搅打至顺滑。

上桌： 加入纯糖浆（参见第162~163页）以增加甜味，倒进玻璃杯，配吸管饮用。

摩卡沙冰

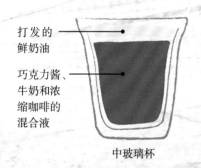 设备: 意式浓缩咖啡机　乳品: 牛奶　温度: 冷　分量: 1杯

　　想要给混合冰咖啡来点变化，可以尝试加入一些巧克力酱，也可增加意式浓缩咖啡的比例来平衡风味。使用牛奶巧克力或白克力酱会生成更加温和的口感。

打发的鲜奶油

巧克力酱、牛奶和浓缩咖啡的混合液

中玻璃杯

1 使用第44~45页的方法，冲煮双份/50毫升的意式浓缩咖啡至小咖啡壶。

2 将浓缩咖啡、180毫升牛奶、2大匙巧克力酱以及5~6颗冰块倒入搅拌机，搅打至顺滑。再加入纯糖浆（参见第162~163页）增加甜味。

上桌: 倒进玻璃杯中，顶端加入1大匙打发的鲜奶油，配吸管饮用。

巧克力薄荷沙冰

 设备: 意式浓缩咖啡机　乳品: 牛奶　温度: 冷　分量: 1杯

　　就像把雀巢After Eight薄荷巧克力浸到咖啡里一样，这款巧克力薄荷沙冰，也是晚餐后的甜点上选。以意式浓缩咖啡为底，巧妙结合薄荷和巧克力的风味，口感馥郁浓滑。更可加入纯糖浆调味，并配以薄荷巧克力一起享用。

巧克力、牛奶、薄荷和浓缩咖啡的混合液

中玻璃杯

1 使用第44~45页的方法，冲煮双份/50毫升的意式浓缩咖啡至小咖啡壶。

2 将咖啡、5~6颗冰块、180毫升牛奶、25毫升薄荷香精以及2大匙巧克力酱倒入搅拌机，搅打至顺滑。再加入纯糖浆（参见第162~163页）调味。

上桌: 倒进玻璃杯中，以巧克力碎屑以及薄荷叶装饰，即可享用。若想要达到更好的视觉效果，可尝试使用玻璃飞碟杯。

榛果沙冰

🔲 设备：**意式浓缩咖啡机** 🍶 乳品：**无**　　🌡 温度：**冷**　　🗒 分量：**1杯**

　　榛果奶是相当适合与咖啡搭配的乳糖替代品，而且方便在家自行制作，添加香草后，更可让各种风味完美融合。

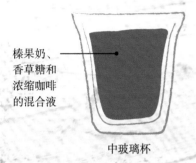

榛果奶、香草糖和浓缩咖啡的混合液

中玻璃杯

1 使用第44~45页的方法，冲煮双份/50毫升的意式浓缩咖啡至小咖啡壶。

2 将咖啡、200毫升榛果奶、5~6颗冰块以及1小匙香草糖倒入搅拌机，搅打至顺滑。

上桌：倒进玻璃杯中，配吸管饮用。

欧洽塔沙冰

🔲 设备：**意式浓缩咖啡机** 🍶 乳品：**无**　　🌡 温度：**冷**　　🗒 分量：**4杯**

　　欧洽塔是一种拉丁美洲的饮品，以杏仁、芝麻、油莎草（tigernut）或稻米制成。香草和肉桂则是常见的调味料，自制或买现成品皆可。

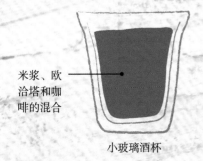

米浆、欧洽塔和咖啡的混合

小玻璃酒杯

1 使用第131页的方法，以爱乐压萃取100毫升特浓咖啡。

2 将咖啡、2大匙欧洽塔粉、100毫升米浆、2个香草荚的香草子、1/2小匙肉桂粉以及10~15颗冰块倒入搅拌机，搅打至顺滑。

上桌：加入纯糖浆（参见第162~163页）调味，以香草荚或肉桂棒装饰，即可饮用。

印度酸奶咖啡

设备: 意式浓缩咖啡机　**乳品:** 酸奶　**温度:** 冷　**分量:** 1杯

酸奶作为牛奶的替代品也非常适合制作咖啡，能为混合后的饮品带来清新的风味以及和奶油或冰淇淋相类似的质地。本做法中的普通酸奶也可用一个冻酸奶球来代替。

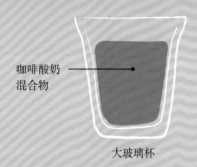

咖啡酸奶
混合物

大玻璃杯

1 使用第44~45页的方法，冲煮双份/50毫升的意式浓缩咖啡至小咖啡壶。

2 将5~6颗冰块放入搅拌机，倒入咖啡，待其冷却。

3 将150毫升酸奶、1小匙香草香精、1小匙蜂蜜和2大匙巧克力酱倒入搅拌机，搅打至顺滑。

上桌: 可再添加一些蜂蜜以增加甜味，将饮料倒入玻璃杯，配吸管饮用。

甘草之恋

设备: 意式浓缩咖啡机　**乳品:** 牛奶　**温度:** 冷　**分量:** 1杯

如果你喜欢甘草的独特风味，就一定会爱上这款饮料。加入搅拌机的甘草可以是粉末、糖浆或是酱汁形态，尝试不同浓度或是加盐的甘草，可以创造出格外特别的口感。

打发的
鲜奶油

甘草风
味咖啡

中玻璃杯

1 使用第44~45页的方法，冲煮双份/50毫升的意式浓缩咖啡至小咖啡壶。

2 将咖啡、180毫升牛奶、1小匙甘草粉以及5~6颗冰块加入搅拌机中，搅打至顺滑。

3 加入纯糖浆（参见第162~163页）调味，再倒进玻璃杯中。

上桌: 在顶端加上一大匙打发的鲜奶油，再撒上一些甘草粉，以一颗八角装饰，配吸管饮用。

朗姆葡萄干冰淇淋

⬛ 设备：意式浓缩咖啡机   🍼 乳品：牛奶   🌡 温度：冷   🏷 分量：1杯

　　朗姆酒和葡萄干是冰淇淋中最常见的经典味道组合，由于二者都是用于描述日晒处理法咖啡豆风味的常见词汇，因此它们和咖啡的搭配也相当合适。

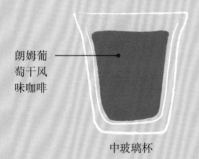

朗姆葡萄干风味咖啡

中玻璃杯

1 使用第44~45页的方法，冲煮双份/50毫升的意式浓缩咖啡至小咖啡壶。

2 将咖啡、120毫升牛奶、25毫升朗姆葡萄干香精以及1个香草冰淇淋球加入搅拌机中，搅打至顺滑。

3 加入纯糖浆（参见第162~163页）调味，再倒进玻璃杯中。

上桌： 如果喜欢的话，可以在顶端加上一大匙打发的鲜奶油，再配以吸管饮用。

迷人香草

⬛ 设备：意式浓缩咖啡机   🍼 乳品：牛奶   🌡 温度：冷   🏷 分量：1杯

　　制作混合咖啡时加入炼乳，能够增添一种仿佛在饮用液态丝绸般的迷人质感。如果喜欢不太甜的味道，可以尝试用淡奶（evaporated milk）或单倍奶油。

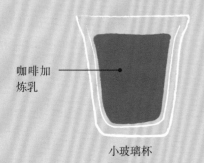

咖啡加炼乳

小玻璃杯

1 使用第44~45页的方法，冲煮单份/25毫升的意式浓缩咖啡至小咖啡壶。

2 将咖啡、100毫升牛奶、2大匙炼乳、1小匙香草香精以及5~6颗冰块加入搅拌机中，搅打至顺滑。

上桌： 倒入玻璃杯中，尽快饮用。

麦芽特调咖啡

🔲 **设备: 意式浓缩咖啡机** 🍶 **乳品: 牛奶** 🌡 **温度: 冷** 📋 **分量: 1杯**

　　非糖化的麦芽粉（nondiastatic malt powder）在饮品中被用作增甜剂，此处使用除了增加甜味外，还能带来浓厚宜人的口感。使用麦芽乳粉或巧克力麦芽也有相同效果。

牛奶、麦芽加咖啡混合物 —— 啤酒杯

1 使用第44~45页的方法，冲煮双份/50毫升的意式浓缩咖啡至小咖啡壶。

2 将咖啡、1小个巧克力冰淇淋球、5~6颗冰块、150毫升牛奶以及2大匙麦芽粉加入搅拌机中，搅打至顺滑。

上桌: 倒进啤酒杯中，佐以麦芽牛奶饼干，尽快饮用。

香蕉摩卡

🔲 **设备: 意式浓缩咖啡机** 🍶 **乳品: 牛奶** 🌡 **温度: 冷** 📋 **分量: 1杯**

　　新鲜的香蕉很难和咖啡融合，但是冷冻后加入冰块、牛奶、香草和巧克力，味道就变得十分美妙。就像一杯咖啡口味的思慕雪（smoothie）一样，这杯香蕉摩卡能让你精力充沛又提神，还有饱腹感。

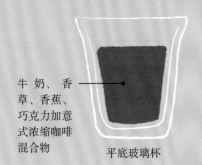

牛奶、香草、香蕉、巧克力加意式浓缩咖啡混合物 —— 平底玻璃杯

1 使用第44~45页的方法，冲煮双份/50毫升的意式浓缩咖啡至小咖啡壶。

2 将咖啡、150毫升牛奶、1/2小匙香草精、5~6颗冰块、半根熟透的冻香蕉、1大匙巧克力酱以及2小匙糖加入搅拌机中，搅打至顺滑。

上桌: 倒进平底玻璃杯中，以香草荚及香蕉片装饰，即可饮用。

爱沙尼亚摩卡

📷 设备: **意式浓缩咖啡机**　🥛 乳品: **牛奶**　🌡 温度: **热**　🏷 分量: **1杯**

　　瓦纳塔林（vana tallinn）是以朗姆酒为基底的一款烈性酒，带有柑橘、肉桂以及香草的味道，这些都是常见于优质咖啡豆中的风味，再加入一些巧克力酱，就变成一杯相当带劲的摩卡咖啡了。

意式浓缩咖啡

蒸奶

瓦纳塔林
巧克力酱

鸡尾酒杯

1 将1大匙巧克力酱以及30毫升瓦纳塔林倒入酒杯中，使其充分混合。

2 以钢杯蒸煮120毫升牛奶至60~65℃或至钢杯底部烫到无法触摸为止（参见第48~51页）。将蒸奶小心地倒入杯中。

3 使用第44~45页的方法，冲煮双份/50毫升的意式浓缩咖啡，倒入小咖啡壶。

上桌: 将咖啡倒进杯中，即可饮用。

推荐使用的咖啡豆: 带有柑橘、肉桂或香草风味的咖啡豆。

格拉巴咖啡

📷 设备: **意式浓缩咖啡机**　🥛 乳品: **无**　🌡 温度: **热**　🏷 分量: **1杯**

　　克烈特咖啡（espresso corretto）是一杯经过烈酒"调教"（correct）的单份意式浓缩咖啡，通常使用格拉巴酒（Grappa），有时也用珊布卡（Sambuca）、白兰地（Brandy）或干邑白兰地（Cognac）。一般会在制作过程中就将酒加入，也可以边喝边加。

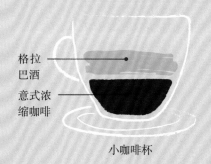

格拉
巴酒

意式浓
缩咖啡

小咖啡杯

1 使用第44~45页的方法，冲煮单份/25毫升的意式浓缩咖啡至咖啡杯中。

2 将25毫升的格拉巴酒或其他自行选择的酒类注入咖啡。

上桌: 尽快饮用。

朗姆焦糖奶油咖啡

设备：**意式浓缩咖啡机** 乳品：**打发鲜奶油** 温度：**热** 分量：**1杯**

　　焦糖是一种与咖啡绝配的调味料。本做法结合了焦糖奶油酱（Dulce de leche）的香滑、香甜咖啡酒（Kahlua）的咖啡风味以及朗姆酒的温暖口感。

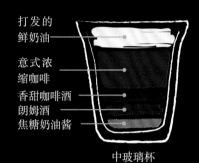

打发的
鲜奶油

意式浓
缩咖啡

香甜咖啡酒
朗姆酒
焦糖奶油酱

中玻璃杯

1 将1大匙焦糖奶油酱倒入玻璃杯底，再倒入25毫升朗姆酒以及1大匙香甜咖啡酒。

2 使用第44~45页的方法，冲煮双份/50毫升的意式浓缩咖啡至小咖啡壶，再倒在玻璃杯中的酒液上方。

3 将25毫升打发的鲜奶油搅拌至黏稠而不僵硬。

上桌： 将鲜奶油顺着汤匙背面注入咖啡表面，即可饮用。

熊猫特浓咖啡

设备：**意式浓缩咖啡机** 乳品：**无** 温度：**热** 分量：**1杯**

　　薄荷和甘草是与咖啡非常搭配的经典组合。这里使用了绿色薄荷酒，能够带来非常有趣的视觉效果，但是如果不喜欢绿色的饮料，那改用透明的薄荷酒即可。

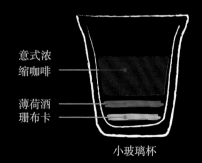

意式浓
缩咖啡

薄荷酒
珊布卡

小玻璃杯

1 将1大匙珊布卡以及1大匙薄荷酒倒进杯中。

2 使用第44~45页的方法，冲煮双份/50毫升的意式浓缩咖啡至小咖啡壶，再小心倒入玻璃杯中。

上桌： 以新鲜薄荷叶装饰，即可饮用。

熊猫特浓咖啡
如果你不打算一口干了它，记得在啜饮
前先搅拌一下。

锈色雪利丹

设备: 意式浓缩咖啡机　乳品: 无　温度: 热　分量: 1杯

受到锈钉鸡尾酒（Rusty Nail）——一款最著名的杜林标鸡尾酒（drambuie cocktail）的启发，是以威士忌为主，加入雪利丹（Sheriadans）提升甜味，也使得咖啡的风味更加突出。若想要使咖啡的风味更独特，可尝试加入削成螺旋状的柠檬皮。

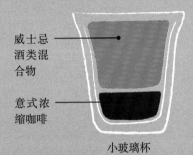

威士忌酒类混合物

意式浓缩咖啡

小玻璃杯

1 使用第44~45页的方法，冲煮单份/25毫升的意式浓缩咖啡至玻璃杯中。

2 将25毫升杜林标鸡尾酒、25毫升雪利丹以及50毫升威士忌倒入容器中混合，再小心注入玻璃杯中，注意让原有的咖啡脂漂浮在表面。

上桌: 以螺旋状柠檬皮装饰，即可饮用。

爱尔兰咖啡

设备: 意式浓缩咖啡机　乳品: 打发鲜奶油　温度: 热　分量: 1杯

乔·谢里丹（Joe Sheridan）于1942年发明了爱尔兰咖啡，从此这款特调咖啡就在全世界范围内长盛不衰。其中融合了"强如友善之手"的咖啡和"顺如大地之智"的威士忌的风味，并以糖和奶油加以调和。

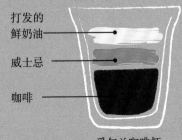

打发的鲜奶油

威士忌

咖啡

爱尔兰咖啡杯

1 使用第129页的方法，以手冲滴滤壶冲煮120毫升特浓咖啡。

2 将咖啡和2小匙红糖倒入咖啡杯中，搅拌至红糖溶解。

3 加入30毫升爱尔兰威士忌，轻轻将30毫升打发的鲜奶油搅拌至浓稠而不僵硬。

上桌: 将鲜奶油顺着汤匙背面注入杯中，使其轻浮在咖啡表面上，即可饮用。

穿越赤道

🍼 **设备：咖啡壶**　🥛 **乳品：双倍奶油**　🌡 **温度：热**　📋 **分量：1杯**

　　产自挪威的利尼阿夸维特（Linie Aquavit）是一种草本烈性酒，是在往返澳洲两度穿越赤道的船上费时数月酿制而成的。挪威人同样喜爱咖啡，这里提供了一个将这两种饮品混合在一起的独特方法。

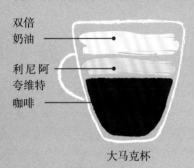

双倍
奶油

利尼阿
夸维特
咖啡

大马克杯

1 以法压壶（参见第128页）、爱乐压（参见第131页）或其他咖啡壶冲煮出150毫升的咖啡，将其倒入马克杯中。

2 加入1小匙糖，搅拌至完全溶化。再加入30毫升的利尼阿夸维特，并于表面铺上50毫升的双倍奶油。

上桌： 以茴香枝装饰，即可饮用。

朗姆果园

🍼 **设备：咖啡壶**　🥛 **乳品：无**　🌡 **温度：热**　📋 **分量：1杯**

　　苹果和咖啡乍看好像并不搭配，其实是完美的互补。如果没有苹果白兰地（Applejack），可以改用卡巴度斯苹果酒（Calvados）或诺曼底苹果酒（Pommeau）等其他以苹果为基底的酒，也完全没问题。

白朗
姆酒

苹果白
兰地

咖啡

大马克杯

1 以法压壶（参见第128页）、爱乐压（参见第131页）或其他咖啡壶冲煮出240毫升的咖啡。

2 将咖啡、30毫升苹果白兰地以及30毫升白朗姆酒倒进马克杯混合均匀。

上桌： 以糖浆调味，即可饮用。

推荐使用的咖啡豆： 以苹果为基底的烈性酒能够强化许多优质中美洲咖啡豆柔和的水果调性。

干邑白兰地咖啡

🍼 设备：咖啡壶　　🍶 乳品：无　　🌡 温度：热　　📄 分量：1杯

　　干邑白兰地咖啡是经典新奥尔良白兰地咖啡（Café Brulot）的变化版，采用干邑或其他白兰地为基底。白兰地咖啡是朱勒斯·艾丽西亚托（Jules Alciatore）在美国禁酒时期于安东尼餐厅（Antoine's Restaurant）的发明，利用柑橘和香料的气味巧妙地遮掩了酒精的味道。

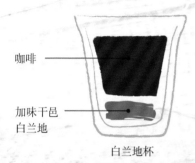

咖啡

加味干邑
白兰地

白兰地杯

1 将30毫升干邑白兰地倒入玻璃杯中，以白兰地加热器保温。再加入1小匙红糖、1根肉桂棒、1瓣丁香、1段螺旋状柠檬皮以及1段螺旋状橙皮。

2 以法压壶（参见第128页）、爱乐压（参见第131页）或其他咖啡壶冲煮约150毫升的咖啡。然后倒入杯中。若是酒杯的倾斜角度会使咖啡流出，则先将其从加热器上取下再倒。

上桌：以肉桂棒搅拌至糖溶化以及所有原料均匀，即可饮用。

云莓咖啡

🍼 设备：咖啡壶　　🍶 乳品：打发鲜奶油　　🌡 温度：热　　📄 分量：1杯

　　阿维林（averin）是一种琥珀色的莓果，通常又称作云莓（cloudberry、bakeapple），本做法受到挪威甜点Multekrem的启发，结合了云莓果酱和打发的鲜奶油，并加入葡萄伏特加稍作变化。

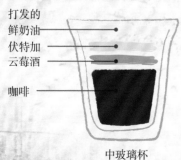

打发的
鲜奶油
伏特加
云莓酒

咖啡

中玻璃杯

1 以法压壶（参见第128页）、爱乐压（参见第131页）或其他咖啡壶冲煮约180毫升的咖啡。

2 将咖啡倒入玻璃杯，并于其上加入30毫升云莓酒（Lakka）、30毫升诗珞珂（ciroc）或其他水果基底伏特加酒。

上桌：将100毫升鲜奶油加入少许云莓酒后进行搅打，抹一层打发的鲜奶油于咖啡最上方，即可饮用。

苦艾酒鲜奶油咖啡

🍼 **设备:** 咖啡壶　　🍶 **乳品:** 冰淇淋　　🌡 **温度:** 热　　🧉 **分量:** 1杯

　　草本味的苦艾酒为这杯特饮增加了丰富的味觉层次，而巧克力冰淇淋的使用又增加了甜度。冰淇淋的部分可以搅拌使其融化，也可以配汤匙直接享用。

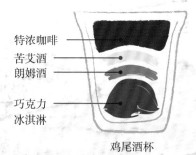

特浓咖啡
苦艾酒
朗姆酒

巧克力
冰淇淋

鸡尾酒杯

1 舀1个巧克力冰淇淋球放入玻璃杯底，再于其上倒入30毫升朗姆酒以及30毫升苦艾酒。

2 以法压壶（参见第128页）、爱乐压（参见第131页）或其他咖啡壶冲煮约180毫升特浓咖啡。

上桌: 将咖啡缓缓倒入杯中，以红糖调味，即可饮用。

马提尼浓缩咖啡

🍼 **设备:** 意式浓缩咖啡机　　🍶 **乳品:** 无　　🌡 **温度:** 冷　　🧉 **分量:** 1杯

　　这是一款极其优雅的饮品，可自行选择是否加入巧克力利口酒（例如可可香甜酒）来增加甜味。如果不想用可可香甜酒，也可以增加一倍的香甜咖啡酒（Kahlua）。

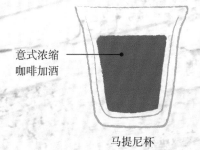

意式浓缩
咖啡加酒

马提尼杯

1 使用第44~45页的方法，冲煮双份/50毫升的意式浓缩咖啡，使其冷却。

2 将咖啡与1大匙可可香甜酒、1大匙香甜咖啡酒（Kahlua）以及50毫升的伏特加一起倒入雪克杯，加入冰块用力摇匀。只要先将咖啡及酒类调和，就可以降低其温度，减缓冰块融化的速度。

上桌: 将咖啡双重过滤至玻璃杯中，以3颗咖啡豆装饰于咖啡脂上，即可饮用。

香博金酒咖啡

设备: 意式浓缩咖啡机　乳品: 无　　温度: 冷　　分量: 1杯

　　咖啡和大部分的新鲜莓果都很相配。这款不含乳糖的特调咖啡即含有金酒（gin）和葡萄柚果汁，与香博利口酒（chambord）的风味形成了鲜明的互补。些许纯糖浆的加入更可以中和新鲜莓果的酸味。

意式浓缩
咖啡加覆
盆子调酒

飞碟杯

1 使用第44~45页的方法，冲煮双份/50毫升的意式浓缩咖啡至小咖啡壶，使其稍微冷却。

2 将5粒覆盆子加上25毫升香博利口酒（chambord）捣碎，与20毫升纯糖浆（参见第162~163页）、25毫升金酒以及1大匙葡萄柚汁一起倒入雪克杯，加入冰块后，再将咖啡倒入。

上桌: 充分摇匀后滤至玻璃杯中，在杯子边缘以一颗覆盆子装饰，即可饮用。

绿荨麻硬摇

设备: 意式浓缩咖啡机　乳品: 牛奶　　温度: 冷　　分量: 1杯

　　绿荨麻酒（又称查特利口酒，chartreuse liqueur）的草本风味在加入冰淇淋后会变得柔和芳醇，而两者的结合也可被当作一道绝佳的甜点替代品。适当减少牛奶的用量会得到更加醇厚的口感。成品以咖啡豆装饰，在视觉上的对比更显著。

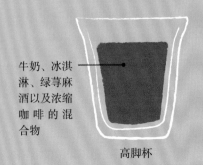

牛奶、冰淇
淋、绿荨麻
酒以及浓缩
咖啡的混
合物

高脚杯

1 使用第44~45页的方法，冲煮双份/50毫升的意式浓缩咖啡至小咖啡壶。

2 将咖啡、150毫升牛奶以及50毫升绿荨麻酒倒入搅拌机中，加入1个冰淇淋球，搅打至顺滑。

上桌: 倒入高脚杯，即可饮用。

推荐使用的咖啡豆: 绿荨麻酒和冰淇淋的口感能够与许多水洗埃塞俄比亚咖啡豆产生互补。

柑曼怡巧克力咖啡

🗒 设备：**意式浓缩咖啡机**　🍼 乳品：**无**　🌡 温度：**冷**　🏷 分量：**1杯**

　　巧克力加柳橙是经典的风味组合，再加入波本威士忌（Bourbon）和意式浓缩咖啡，丰富的香气使其成为晚餐后最受欢迎的一款饮料。另外也可以尝试做成热饮，只要不加冰块即可。

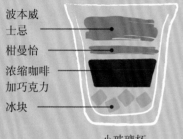

波本威
士忌

柑曼怡

浓缩咖啡
加巧克力

冰块

小玻璃杯

1 使用第44~45页的方法，冲煮双份/50毫升的意式浓缩咖啡至小咖啡壶。加入1小匙巧克力酱（参见第162~163页），搅拌至溶解。

2 将4~5颗冰块放入玻璃杯中，倒入咖啡与巧克力的混合物，搅拌至咖啡冷却。加入1大匙柑曼怡（Grand marnier）以及50毫升波本威士忌。

上桌：以螺旋状橙皮装饰，即可饮用。

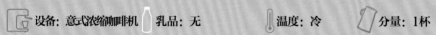

冰樱桃白兰地咖啡

🗒 设备：**意式浓缩咖啡机**　🍼 乳品：**无**　🌡 温度：**冷**　🏷 分量：**1杯**

　　这款咖啡能让人联想到液态的黑森林蛋糕，因此它可以搭配黑松露巧克力或者浓郁的巧克力冰淇淋一起享用。注意要等到咖啡完全冷却后再加入蛋白，双重过滤以获得柔滑的口感。

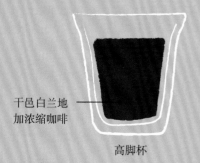

干邑白兰地
加浓缩咖啡

高脚杯

1 将冰块放入雪克杯，使用第44~45页的方法，冲煮双份/50毫升的意式浓缩咖啡至冰块上，使其冷却。

2 将25毫升干邑白兰地、25毫升樱桃白兰地以及2小匙蛋白倒入雪克杯，摇晃均匀，再双重过滤至高脚杯中。

上桌：以纯糖浆（参见第162~163页）调味，即可饮用。

波特黑醋栗
饮用前先将玻璃杯放入冰箱冷藏1小时左右，有助于保持咖啡清凉。

波特黑醋栗

🍶 设备: 意式浓缩咖啡机　🥛 乳品: 无　🌡️ 温度: 冷　📋 分量: 1杯

加强型葡萄酒（fortified wines）与咖啡的搭配相当美妙，尤其是遇到以相同果香特质的咖啡豆萃取而成的浓缩咖啡时。黑醋栗酒的加入又增加了一层甜味，使咖啡的味道更加圆满。

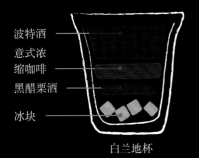

波特酒
意式浓缩咖啡
黑醋栗酒
冰块

白兰地杯

1 将4~5颗冰块放入白兰地酒杯，再倒入25毫升黑醋栗酒。

2 使用第44~45页的方法，冲煮单份/25毫升的意式浓缩咖啡至白兰地酒杯中，搅拌至冷却，再缓缓倒入75毫升的波特酒（Port）。

上桌: 以黑莓装饰，即可饮用。
推荐使用的咖啡豆: 优质肯尼亚咖啡豆中的水果与酒香能够与莓果及波特酒的味道相辅相成。

雷根帝萨诺

🍶 设备: 咖啡壶　🥛 乳品: 无　🌡️ 温度: 冷　📋 分量: 1杯

帝萨诺（disaronno）是一种以杏桃油、草药及水果调味而成的利口酒。杏仁香精与杏桃香精的味道与利口酒相互平衡，摩卡酱则使整杯咖啡喝起来像是被巧克力包裹的杏仁一样。

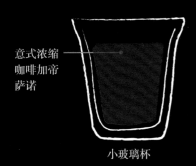

意式浓缩咖啡加帝萨诺

小玻璃杯

1 以法压壶（参见第128页）、爱乐压（参见第131页）或其他咖啡壶冲煮约100毫升的咖啡，并使其冷却。

2 将冷却后的咖啡与25毫升帝萨诺、1大匙摩卡酱、冰块以及杏仁香精与杏桃香精各5~6滴一起倒入雪克杯中，摇晃均匀，再双重过滤至玻璃杯中。

上桌: 表面撒上些巧克力碎屑，即可饮用。

绿精灵杜松咖啡

🍼 设备：咖啡壶　　🍶 乳品：无　　🌡 温度：冷　　🧊 分量：1杯

带有甘草口味的绿精灵苦艾酒（Absinthe）与金酒中的杜松（juniper）相当合拍，二者构成了一款独一无二的咖啡饮品。如果没有绿精灵苦艾酒，也可以采用潘诺茴香酒（Pernod）来代替，口感会变得没那么浓郁，但依然美味。

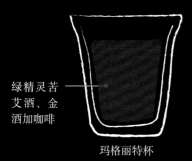

绿精灵苦艾酒、金酒加咖啡

玛格丽特杯

1 以法压壶（参见第128页）、爱乐压（参见第131页）或其他咖啡壶冲煮约75毫升的咖啡，并使其冷却。

2 将咖啡、25毫升金酒、25毫升绿精灵苦艾酒、3小匙纯糖浆（参见第162~163页）以及冰块倒入雪克杯并摇匀。

上桌： 双重过滤倒入玻璃杯中，放入一颗八角使其漂浮在表面，即可饮用。
推荐使用的咖啡豆： 带有草本调性的豆子，例如浅度烘焙的经典埃塞俄比亚咖啡豆，能够有效增加风味层次及新鲜口感。

朗姆卡罗伦咖啡

🍼 设备：咖啡壶　　🍶 乳品：无　　🌡 温度：冷　　🧊 分量：1杯

有时候人就是想来点香甜暖心的东西，就如冰鸡尾酒。朗姆酒与卡罗伦爱尔兰乳酒（Carolans）的组合，再加上由添万利力娇酒（Tia Maria）所激发出的咖啡风味，正是满足了这种提神与慰藉的需要。

卡罗伦爱尔兰乳酒、添万利力娇酒与咖啡的混合物

冰块

中玻璃杯

1 在两只浅碟中分别倒入些许朗姆酒及糖，将玻璃杯边缘以朗姆酒沾湿，再浸入糖中。

2 以法压壶（参见第128页）、爱乐压（参见第131页）或其他咖啡壶冲煮约75毫升特浓咖啡至装有冰块的杯中。

3 将咖啡、1大匙添万利力娇酒、1大匙卡罗伦爱尔兰乳酒、25毫升朗姆酒及调味用的糖倒入雪克杯中摇晃。

上桌： 在玻璃杯中装入冰块，再将咖啡双重过滤后注入其上，即可饮用。

墨西哥之光

🍼 设备: 咖啡壶　　🍶 乳品: 无　　🌡 温度: 冷　　📄 分量: 1杯

　　墨西哥种植咖啡、生产龙舌兰酒并且制造龙舌兰糖浆（agave nectar）。将这三者与酸橙混合，就可以得到一杯比加糖调味的其他饮品升血糖指数较低的饮料。如果想要更明显的焦糖口感，可以选用颜色较深的龙舌兰糖浆。

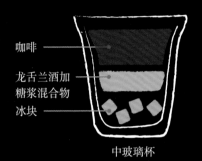

咖啡

龙舌兰酒加
糖浆混合物

冰块

中玻璃杯

1 将4~5颗冰块放入玻璃杯中，以法压壶（参见第128页）、爱乐压（参见第131页）或其他咖啡壶冲煮出约100毫升的咖啡，并使其冷却。

2 取另一只玻璃杯，将1大匙淡龙舌兰糖浆拌入50毫升的龙舌兰酒中，倒进装有冰块的杯子里，再注入冷却的咖啡。

上桌： 用酸橙片擦抹杯缘一周后，将其挂在杯缘作为装饰，即可饮用。

榛果克鲁普尼

 设备: 咖啡壶　　🍶 乳品: 无　　🌡 温度: 冷　　📄 分量: 1杯

　　蜂蜜是糖的绝佳替代品。在本做法中，克鲁普尼（Krupnik，一种在波兰和立陶宛非常流行的甜味酒）为饮品增加了蜂蜜的甜味，而柠檬伏特加又对其进行了中和，避免饮品过度甜腻。

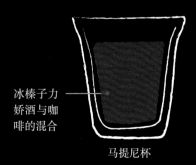

冰榛子力
娇酒与咖
啡的混合

马提尼杯

1 以法压壶（参见第128页）、爱乐压（参见第131页）或其他咖啡壶冲煮出约50毫升的特浓咖啡至装有冰块的杯中。

2 将咖啡、1大匙榛子力娇酒（Frangelico）、1大匙克鲁普尼、25毫升柠檬伏特加以及冰块一起倒入雪克杯，充分摇匀。

上桌： 双重过滤至玻璃杯中，以香草荚装饰，即可饮用。

推荐使用的咖啡豆： 榛子力娇酒的榛果和香草味道与巴西咖啡豆（参见第92~93页）的甘甜及坚果风味非常搭配。

专业术语词汇表

阿拉比卡（Arabica）：两种为商业目的种植的咖啡品种之一（也见词条"罗布斯塔"）。二者之中，阿拉比卡品质相对较高。

咖啡处理中心（Beneficios）：西班牙语词汇，指咖啡加工处理工厂（可包括水洗法与日晒法）。

刀盘（Burrs）：指咖啡研磨机中的研磨片，用来将咖啡豆研磨成微粒以供蒸汽加压或冲泡萃取。

咖啡因（Caffeine）：咖啡中含有的一种化学物质，有提神功效。

银皮（Chaff）：烘焙过后的咖啡豆表层覆盖的薄衣。

咖啡果（Coffee cherry）：咖啡树所结的果实。果实结构包括外果皮、果胶层（果肉）、内果皮（羊皮层）以及咖啡种子（通常为两粒）。

冷泡咖啡（Cold-brewed coffee）：指通过滴滤设备及冷水冲泡而成的咖啡，也指可冷却的热咖啡。

商品交易市场（Commodity market）：特指在纽约、巴西、伦敦、新加坡及东京等地的咖啡交易市场。

咖啡泡沫/咖啡脂（Crema）：制作意式浓缩咖啡时，通过蒸汽加压而在咖啡表面形成的泡沫层。

栽培品种（Cultivar）：一种特为市场消费而培育的咖啡品种（也见词条"品种"）。

杯测（Cupping）：对咖啡进行专业品尝与测评的过程。

排气（De-gassing）：指将咖啡豆在烘焙中产生的气体排出的过程。

小咖啡杯（Demitasse）：也称"半杯"（half cup），通常指容量为90毫升的带把浓缩咖啡杯。

剂量（Dose）：用于衡量冲泡咖啡所需咖啡量的度量单位。

萃取（Extraction）：指咖啡冲泡过程中，咖啡可溶性物质溶于水的过程。

生豆（Green beans）：指生的、未经烘焙的咖啡豆。

杂交（Hybrid）：两个咖啡品种间的交叉混合培育。

果胶（Mucilage）：咖啡果中包围在内果皮（羊皮层）外部的、具有黏性的甜味果肉或果浆。

日晒法（Natural process）：咖啡处理方法之一，即通过日光曝晒使咖啡果脱水干燥的过程。

珠粒（Peaberry）：一荚单粒（而非常见的双粒）的圆粒咖啡豆。

马铃薯味道缺陷（Potato defect）：咖啡豆缺陷之一，即咖啡豆由于某种特定细菌的影响而产生的生马铃薯气味与味道。

蜜处理（Pulped natural process）：咖啡处理方法之一，指仅去除咖啡果的外果皮，保留黏质状果肉层，然后再将其置于室外晒干的过程。

罗布斯塔（Robusta）：两种为商业目的种植的咖啡种类之一（也见词条"阿拉比卡"）。二者之中，罗布

斯塔品质相对较低。

咖啡水洗处理厂管理公司（Sogestal*）：位于布隆迪（非洲中东部国家）的咖啡水洗处理厂管理公司，这类企业与肯尼亚咖啡出口合作社相似。

填压（Tamping）：指在意式浓缩咖啡机的滤篮中填入咖啡粉并压实的过程。

产销履历（Traceability）：产销过程中咖啡原产地、来源、相关信息及背景的可识别性及可追溯性。

品种（Variety）：分类学中的一种类别等级，用于描述同一物种（如阿拉比卡）中存在可辨认特征差异的不同品种。

水洗法（Washed process）：咖啡处理方法之一，去除咖啡果的外果皮与果肉之后进行浸泡冲洗，再将外部带有内果皮（羊皮层）的咖啡豆进行日晒干燥。

注：* Sogestal全称为"Société de Gestion des Stations de Lavage du Café"，即Societies Managing Coffee Washing Stations。

索引

A

B

C

D

作者

安奈特·摩德瓦尔（Anette Moldvaer）是Square Mile Coffee Roasters咖啡烘焙公司的联合创始人。该公司位于英国伦敦，曾获过许多奖项。其业务包括定位原产地、咖啡豆采购、进口、烘焙及销售。1999年，安奈特成为了一名咖啡师，在自己的家乡挪威开启了她的咖啡生涯。如今，她的足迹遍布全球，造访各地的咖啡生产商，寻找顶级优质咖啡的产地。

安奈特是许多国际咖啡比赛的评委，比如世界咖啡师大赛（the World Barista Championships）、世界最佳咖啡评比（超凡杯 – the Cup of Excellence）以及美食奖（the Good Food Awards）咖啡组比赛。此外，她还在欧洲、拉美洲、非洲以及美国举办过咖啡研习班。安奈特曾在2007、2008及2009年世界咖啡师大赛连续获得最佳浓缩咖啡烘焙奖，并于2007年获得世界咖啡杯测大赛（the World Cup Tasters Championship）冠军。

鸣谢

安奈特致谢：

Martha, Kathryn, DK, Tom及Signe; Krysty, Nicky, Bill, SQM, San Remo及La Marzocco;

Emma, Aaron, Giancarlo, Luis, Lyse, Piero, Sunalini, Gabriela, Sonja, Lucemy, Mie, Cory, Christina, Francisco, Anne, Bernard, Veronica, Orietta及Rachel;

Stephen, Chris及Santiago;

Ryan, Marta, Chris, Mathilde, Tony, Joanne, Christian, Bea, Grant, Dave, Trine和Morten;

Margarita, Vibeke, Karna, Stein, 以及所有帮助我完成咖啡之旅的家庭与朋友。

DK图书致谢：
摄影 William Reavell
美术指导 Nicola Collings
道具形象设计 Wei Tang
摄影及咖啡拉花制作 Krysty Prasolik
校对 Claire Cross
索引编辑 Vanessa Bird
编辑助理 Charis Bhagianathan
设计助理 Mandy·Earey, Anjan Dey及Katherine Raj
创意技术支持 Tom Morse及Adam Brackenbury

同时也要感谢意大利圣利摩的Augusto Melendrez。书中第56~123页的"关键信息"数据来自2008–2012年国际咖啡组织（International Coffee Organization）的统计。（第85、88、116、117及120页除外。）
另外，在此感谢图片提供者的支持：Bethany Dawn（第17页上方图片）；Claire Cordier（第26页）；Anette Moldvaer（第68、115及121页）。

关于地图

地图上的"咖啡豆图例"标注了知名咖啡出产地区的地理位置（参见第56~123页）。"绿色阴影部分"标注的则是咖啡生产所涉及的较大区域，这些区域或按政治区域划分，或按大体气候影响的地理区域划分。

关于食谱

为达到最佳冲煮效果，请参照下列建议容量。**咖啡杯** 迷你：90毫升；小：120毫升；中：180毫升；大：250毫升。**马克杯** 小：200毫升；中250毫升；大：300毫升。**玻璃杯** 小：180毫升；中：300毫升；高脚：350毫升。